Sandra Gehde

Bewerbung to go!

Sandra Gehde

Bewerbung to go!

Entspannt und zeitgemäß
zum neuen Job

Erfolgreich bewerben mit der
Micro-Learning-Methode

metropolitan.

Bibliografische Information der Deutschen Nationalbibliothek
Die Deutsche Nationalbibliothek verzeichnet diese Publikation in der Deutschen Nationalbibliografie; detaillierte bibliografische Daten sind im Internet über *http://dnb.dnb.de* abrufbar.

metro**politan** – ein Imprint des Walhalla Fachverlags
www.metropolitan.de

1. Auflage 2019

Produktion: Walhalla Fachverlag, Regensburg
Printed in Germany
ISBN 978-3-96186-030-2

INHALT

NOCH EIN BEWERBUNGSRATGEBER?

Nicht noch einer – sondern ein anderer! Dieses Buch habe ich geschrieben für alle, die keine Zeit haben, sich stundenlang mit einem Anschreiben zu beschäftigen. Für alle, die keine Lust haben, nächtelang im Internet zu surfen, nur um herauszufinden, wie viele Leerzeilen zwischen Anschrift und Anrede stehen sollen und wo das verflixte Datum hinkommt.

Ich bin als Quereinsteiger ins Personalwesen gekommen und das hat mir schon immer die Freiheit gegeben, Abläufe neugierig zu hinterfragen, anzupassen oder ganz zu verändern. Inzwischen bin ich seit zehn Jahren erfolgreich als Personalmanagerin tätig.

Das Festhalten an althergebrachten Strukturen, nur um ihrer selbst willen, entspricht nicht dem natürlichen Lauf der Dinge! Alles verändert sich – cuncta fluunt, das wusste schon Ovid in der Antike. Der Fortschritt ist in jedem Bereich unseres Lebens hautnah spürbar: Information at your fingertips und autonomes Fahren sind längst Realität oder auf dem Weg dorthin.

Auch die Arbeitswelt und ihre Anforderungen verändern sich ständig. Nur von den Bewerbern wird häufig genug noch erwartet, sich in veraltete Strukturen zu fügen und Bewerbungen in einer Sprache zu erstellen, die kein Mensch mehr spricht – die vielleicht nie wirklich so gesprochen wurde. Das erscheint mir verrückt, welchen Sinn soll das haben? Warum soll ein Mathematiker literarisch glänzen und wozu muss ein KFZ-Mechatroniker ein Anschreiben in epischer Breite vorweisen können? Ich finde, das gehört in die Vergangenheit!

Ich möchte dir einen zeitgemäßen Weg anbieten, deine Bewerbung erfolgreich zu gestalten, ohne dich dabei zu verbiegen und ohne zuerst einen Bachelor im Personalwesen machen zu müssen. Deswegen auch der Titel „Bewerbung to go“, wie ein Kaffee zwischendurch!

Um das Thema Bewerbung anschaulich darzustellen, habe ich die Texte nach der Micro-Learning-Methode aufbereitet.

Profitiere von meiner Erfahrung und mache dich entspannt auf den Weg zu deinem neuen Job.

Ich wünsche dir dabei viel Erfolg!
Sandra Gehde

Aus Gründen der Übersichtlichkeit wird nachstehend entweder die weibliche oder die männliche Form gewählt. Natürlich sind aber stets Personen jeden Geschlechts gleichermaßen gemeint.

1

All about

DIE METHODE: MICRO-LEARNING

Der Begriff stammt aus der digitalen Kommunikation. Entwickelt wurde die Methode, um schnellere Erfolge beim E-Learning zu erzielen. Die Technik funktioniert in Buchform aber genauso. In kleinen, gut aufbereiteten Wissenseinheiten erhältst du alle Informationen, die du für die optimale Gestaltung deiner Bewerbung brauchst.

Lesen

Einfach zu lesen, da der Inhalt in anschauliche kleine Einheiten aufgeteilt ist. Micro-Einheiten, Micro-Contents, Wissenshäppchen oder auch Learning-Nuggets werden diese Einheiten genannt.

Sehen

Durch die visuelle Unterstützung mit Erklärbildern und Symbolen wird der Zugang zu komplexen Themen erleichtert.

Verstehen

Mit kurzen Kontrollfragen lässt sich schnell überprüfen, ob der Inhalt verstanden wurde und umgesetzt werden kann.

Ergebnis

In kleinen Schritten zum großen Erfolg!

3-MINUTEN-CHECK: WELCHER BEWERBUNGSTYP BIST DU?

Was ist deine Motivation? Finde heraus, welcher Bewerbungstyp du bist und stimme deine Strategie wirkungsvoll darauf ab!

Wähle aus den nachfolgenden Möglichkeiten die Antwort, die dein vorrangiges Ziel am besten trifft. Wichtig dabei ist, nur eine Antwort anzukreuzen. Sicherlich gibt es mehrere Beweggründe, aber welche Aussage trifft deine Intention am besten?

M ☐ Mehr Geld verdienen.

A ☐ Eine neue Herausforderung annehmen.

S ☐ Anerkennung bekommen.

M ☐ Einfach nur den Lebensunterhalt verdienen.

A ☐ Karriere machen.

S ☐ Aus der Routine ausbrechen und etwas Neues wagen.

M ☐ Kleinen Nebenverdienst einstreichen.

A ☐ Du willst zeigen, was du drauf hast.

S ☐ Erstmal Anschluss an das Berufsleben bekommen.

M ☐ Geld ansparen, um sich einen Traum zu erfüllen.

S ☐ Dich selbst verwirklichen.

Auswertung: Welcher Bewerbungstyp bist du?

Welcher Buchstabe steht vor deiner Antwort?

A wie Aufsteiger

Du willst dich voll einbringen, zeigen, was in dir steckt und aufsteigen. Du möchtest gesehen werden und das zu Recht. Suche deinen neuen Wirkungsbereich danach aus. Prüfe zunächst, welche Aufstiegsmöglichkeiten im jeweiligen Unternehmen vorhanden sind, bevor du dich bewirbst.

Für dich eignen sich alle modernen Kanäle und Formate, wie Facebook, XING oder andere Bewerbungsportale. Zeig dich! Sei präsent und agil! Die Form der mobilen Bewerbung per Smartphone oder Tablet liegt dir wahrscheinlich besonders. Kurz und präzise auf den Punkt bringen, welche Talente du hast und welche Qualifikationen du mitbringst. Oder empfiehl dich gleich mit einem Videoclip.

→ *Tipps findest du in Kapitel 2.*

M wie Moneymaker

Du willst dich verbessern und zwar materiell. Egal, ob du dein Lebenseinkommen etwas aufbessern möchtest oder in Zukunft um einiges mehr verdienen willst – dein Jobwechsel soll sich auszahlen. Dann ist es wichtig, gleich über das Finanzielle zu sprechen. Wähle kein langwieriges Bewerbungsverfahren, an dessen Ende klar wird, dass das Preis-Leistungs-Verhältnis für dich nicht attraktiv ist.

Schaue dich lieber auf Bewerbungsportalen um und sei aktiv. Nutze hauptsächlich Möglichkeiten zur schnellen Kontaktaufnahme. One-Click ist vermutlich genau das richtige Bewerbungsformat für dich.

→ *In Kapitel 3 findest du mehr Informationen dazu.*

S wie Self-Promoter

Du möchtest etwas bewirken, deine Ideen umsetzen und du wünscht dir Anerkennung für deine Arbeit. Klar soll das Gehalt passen, aber es ist nicht das Wichtigste für dich. Lasse dich nicht überstürzt in einen Bewerbungsprozess einbinden. Prüfe die Angebote gründlich. Es geht schließlich um deine Arbeitszufriedenheit, die einen großen Teil deiner Lebensqualität ausmacht.

Die gute alte Papierbewerbung oder die zeitgemäße Bewerbung per E-Mail kommen dir wahrscheinlich entgegen. Nimm dir für den Lebenslauf Zeit und arbeite die Details gut heraus. So kannst du direkt zeigen, was du drauf hast.

→ *In Kapitel 4 findest du alles, was du für den Aufbau eines detaillierten Lebenslaufs brauchst.*

Stay open-minded

Lieblingsstrategie gefunden? Bleibe trotzdem offen für andere Kanäle! Man weiß ja nie, was sich so ergibt ...

2

Job-Shopping mit Facebook, XING und Co.

Bewerben, so einfach wie Einkaufen. Mit einem Click zum neuen Job. Die Generation Y macht es möglich. Die Digital Natives sind in den Führungsebenen angekommen und bringen frischen Wind in den angestaubten Bewerbungsprozess.

Sie wollen es dem Bewerber leicht machen, mit Mobile Recruiting und smarten Bewerbungsabläufen. Den meisten Arbeitgebern kannst du irgendwo folgen, sie irgendwo liken und bewerben kannst du dich auch auf fast jede Art und Weise. Nutze die Möglichkeiten, gehe Job-Shoppen!

PRIVATE SOZIALE NETZWERKE

Facebook

Facebook, kurz FB, ist nach eigenen Angaben das größte soziale Online-Netzwerk zur Erstellung eigener Profilseiten und zum Austausch von Informationen. Ursprünglich als Studentennetzwerk gegründet, ist Facebook inzwischen eher ein Großunternehmen. Ein ausgezeichneter Ort, um nach Jobs zu suchen.

Facebook-Jobbörse

Zunächst in USA und Kanada getestet, gibt es die Facebook eigene Jobbörse jetzt auch im deutschsprachigen Raum. *Facebook Jobs* richtet sich vorrangig an Arbeitssuchende, die Stellen in ihrer Region suchen, und an kleine und mittelständische Unternehmen (KMU). Natürlich gibt es auch weiterhin die Möglichkeit, direkt Kontakt zu einem Wunsch-Arbeitgeber zu knüpfen.

Ein gepflegtes Profil ist immer gut angelegter Credit!

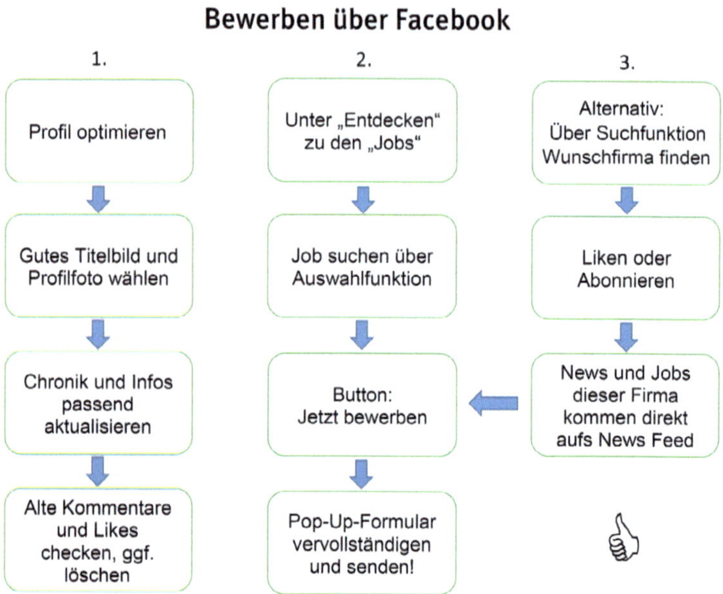

1. Profil optimieren

Profilbild

Dein Profilbild darf während deiner Jobsuche ruhig business-like aussehen, wenn es zu deinen Jobwünschen passt. Du kannst aber auch ein natürlicheres Bild einstellen.

Überlege, was in der von dir angestrebten Branche üblich ist. Orientiere dich daran. Als Handwerker oder Künstler brauchst du es mit dem seriösen Auftritt sicher nicht zu übertreiben. Letztlich handelt es sich immer noch um dein Profilbild bei Facebook und nicht um ein professionelles Bewerbungsfoto.

Beispiel für ein freundliches Profilfoto

Zeige eine aufgeschlossene und freundliche Haltung. Starre nicht in die Kamera, wie ein schockgefrostetes Kaninchen oder ein wütender Dämon beim Bewachen der Unterwelt. Mach dich locker!

Chronik-Check

Prüfe deine Chronik im Hinblick auf peinliche Bilder und missverständliche Kommentare. Ein lustig gemeinter blöder Kommentar wird von deinen Freunden sicher auch als solcher aufgefasst. Ein potenzieller Arbeitgeber kennt dich jedoch nicht persönlich und bewertet es vielleicht falsch. Wenn du Facebook für deine Bewerbung nutzen möchtest, checke deinen öffentlich sichtbaren Bereich und lösche im Zweifel alte Peinlichkeiten lieber raus.

Titelbild

Lade auch ein passendes und ansprechendes Titelbild hoch.

Das Titelbild ist das große Bild über deinem Profilfoto. Du kannst hier ein neues Foto hochladen oder eines aus deinen Fotoalben bei Facebook wählen. Aber denke an den Schutz deiner Privatsphären und halte das Titelbild während der Jobsuche lieber neutral. Wenn du etwas hast, kannst du gerne ein Bild aus deinem beruflichen Umfeld nehmen. Aber achte darauf, dass keine anderen Personen oder Daten auf dem Bild sind, die dem Datenschutz unterliegen.

Wenn du keine Bilder mit beruflichem Content hast, eignen sich auch schöne Landschaften, ein Stadtbild oder Pflanzen.

Beispiel für ein Titelfoto

2. Facebook Jobs

So schlicht und einfach wie der Name *Facebook Jobs* ist auch das Handling. Auf Facebook mit dem Rechner, Tablet oder Smartphone im Startfenster unter „Entdecken“ gelangst du auf die Auswahl an angebotenen Jobs – leicht zu erkennen an dem Aktentaschen-Icon.

Auf der linken Seite kannst du jetzt deine Auswahl treffen: welcher Job, Standort usw. Du bekommst passende Stellenangebote direkt aufgelistet. Wenn dir ein Angebot gefällt, klickst du auf den Button Jetzt bewerben. Du bekommst ein einfaches Pop-up-Formular, das bereits Daten aus deinem Profil gezogen hat. Überprüfe, was drin steht und ergänze bzw. kürze den Inhalt passend:

- Welche Informationen willst du wirklich senden?
- Welche Details fehlen noch?
- Ist deine Berufserfahrung vollständig?
- Sind deine Erfolge gut präsentiert?

Wenn du damit fertig bist, versendest du mit einem weiteren Klick deine Bewerbung. So einfach kann es laufen!

3. Suchfunktion Wunschfirma/Jobs

Wunschfirma finden

Über die Suchfunktion kannst du Unternehmen, die dich interessieren, auch direkt über den Firmennamen suchen.

Wenn du sie abonnierst, bekommst du die neuesten Meldungen und Jobangebote direkt auf dein News Feed.

Bei den neuen Jobangeboten findest du ebenfalls den Button Jetzt bewerben. Damit landest du wieder bei *Facebook Jobs*, um das kurze Bewerbungsformular zu vervollständigen, bevor du es versendest.

Jobs in der Suchfunktion

Über die Suchfunktion kannst du auch Jobangebote ausfindig machen, indem du die Berufsbezeichnung eingibst und evtl. noch den Ort, an dem du arbeiten möchtest.

Allerdings ist die Suche über *Facebook Jobs* durch die zahlreichen Filterfunktionen einfacher.

Exkurs Datenschutz

Um deine persönlichen Daten zu schützen, solltest du unter den Einstellungen prüfen, welche Privatsphäre-Einstellungen und Tools du hinterlegt hast. Lies dir die Datenrichtlinien und Hinweise von Facebook zum Schutz deiner Daten durch, um zu wissen, wie deine Daten verarbeitet werden.

> Jobshoppen über Facebook Jobs ist unkompliziert und schnell. Und wenn du sowieso auf Facebook unterwegs bist, gehst du entspannt nebenbei mal Jobshoppen. Aber nicht vergessen: Du vermischt hier Privatleben und Beruf! Entscheide deswegen sorgfältig, was du im öffentlichen Bereich haben möchtest und was nur für Freunde sichtbar sein soll.

Google4Jobs

Google4Jobs ist kein Netzwerk oder Bewerbungsportal in diesem Sinne, sondern eine Suchmaschine, die in Deutschland leider noch nicht verfügbar ist. Doch für den Fall, dass es demnächst zu uns rüber schwappt, möchte ich es schon einmal vorstellen.

Let me google jobs 4u!

Googeln – ein Synonym für Internetsuche. Google sucht alles: Begriffe, Namen, Orte, Dinge – Jobs! Und die Firmenleitung von Google ist eingestellt auf die Digital Natives. Jobsuche – extrem entspannt.

Einfach und schnell

Simpler geht die Suche kaum! Im Link-Tip-Container oberhalb der Ergebnisse werden von Google sogar zusätzlich alternative Suchwörter angeboten. Damit kannst du eine weitere Suche starten – falls deine eigenen Suchwörter keine guten Treffer gebracht haben.

Job-Googlen

Suchwörter eingeben und schneller, als ein Sternschnuppenschwarm seine Masse auflöst, listet Google eine große Anzahl verfügbarer Jobs auf!

But – please wait!

Wie gesagt, bei uns noch nicht verfügbar. Aber in Amerika und Asien. In Europa sind Großbritannien und Spanien schon dabei. Wann ein Roll-out für den deutschsprachigen Raum kommt, ist leider noch völlig unklar.

Twitter

Heute schon getwittert? Twitter ist ein Blogging-Dienst für Kurznachrichten. 280 Zeichen stehen für eine Nachricht zur Verfügung. Aber auch hier sind Jobs zu finden!

Bewerben über Twitter

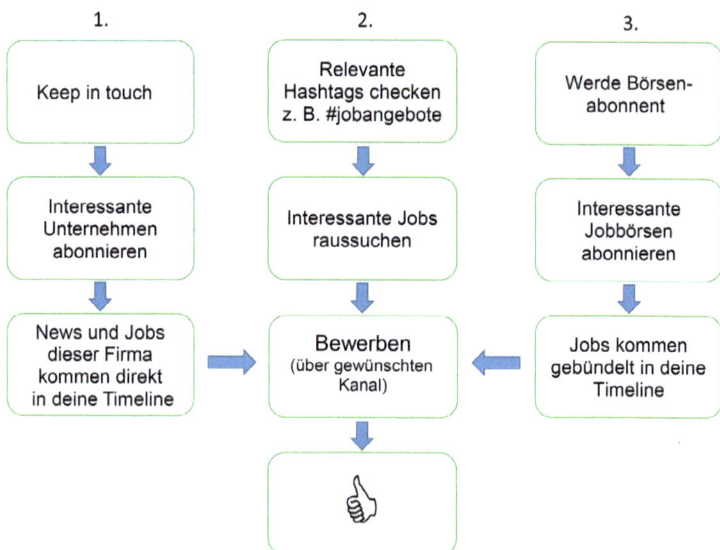

Twitter ist ein Kommunikationsmittel der kurzen Wege und viele Unternehmen tun es. Innovationen, Marketing und Jobs – alles über Twitter. Also losgezwitschert!

1. Keep in touch

Unternehmen tweeten immer häufiger auch Stellenangebote. Werde Follower bei Unternehmen, die dich interessieren. So bekommst du aktuelle Jobangebote direkt in deine Timeline.

2. Relevante Hashtags checken (z. B. #jobangebote)

Es werden dort allerdings nicht ausschließlich Jobs zu finden sein. Auch andere Tweets, deren Content damit zu tun hat, finden sich hier.

3. Werde Börsenabonnent

Du kannst auch eine oder mehrere Jobbörsen abonnieren. So wandern Jobangebote direkt in deine Timeline.

Es gibt viele Möglichkeiten, um Kontakte zu knüpfen. In welcher Form die Bewerbung dann letztlich abläuft, hängt von den Unternehmen ab. Traditionellere Firmen wollen nach der Kontaktaufnahme möglicherweise erst einmal deine gesamten Unterlagen – was im Grunde den Drive aus diesem Bewerbungsprozess wieder rausnimmt. Bei anderen Firmen kannst du direkt einen Termin fürs Jobinterview erhalten.

> Mit deiner Jobsuche vermischt du auch auf Twitter Beruf und Privatleben. Denke daran, bevor du private Inhalte teilst.

Instagram

Instagram zur Jobsuche einsetzen? Auch das geht! Instagram ist eine Plattform zum Teilen von Bildern, Videos und Kurznachrichten. Bis vor kurzem handelte es sich in der Mehrzahl eher um kreative Branchen, die auf dieser App eine direkte Möglichkeit zur Bewerbung geboten haben. Mit zunehmender Nutzerzahl suchen inzwischen Personaler aus allen Branchen über diesen Kanal.

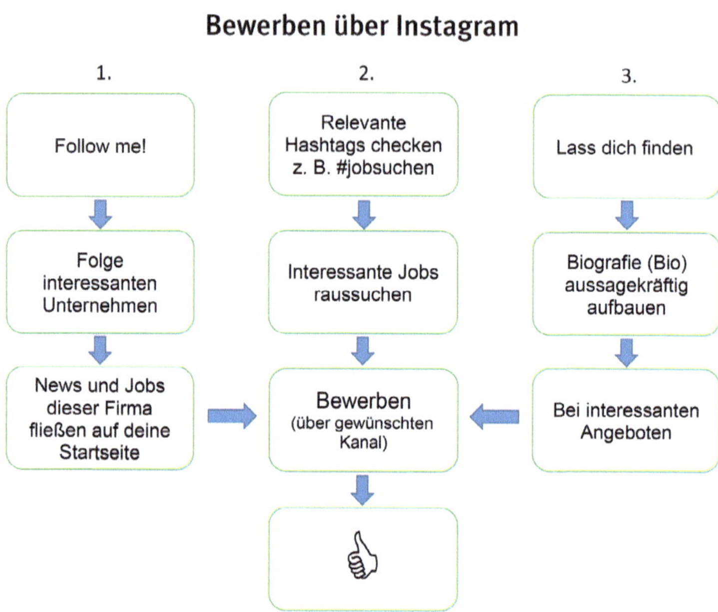

1. Follow me!

Folge gezielt Firmen, die dich interessieren, so bekommst du neue Posts direkt auf deine Startseite. Über Direct Message (DM) kannst du einem Unternehmen auch direkt eine Nachricht schicken und fragen, ob es freie Stellen gibt.

2. Relevante Hashtags (z. B. #jobsuchen oder #mitarbeitergesucht)

Schaue dir relevante Hastaghs an. Allerdings werden dort nicht ausschließlich Jobs gepostet. Auch andere Bilder, deren Content mehr oder auch mal weniger zum Thema passt, findest du dort.

3. Lass dich finden

Manche Unternehmen betreiben aktives Social Recruiting. Sie grasen die Medienlandschaft regelrecht ab, auf der Suche nach passenden Mitarbeitern. Wenn du so gefunden werden möchtest, sollte dein Profil entsprechend gepflegt sein.

Tipps für das optimale Profil

Baue deine Biografie (kurz: Bio) entsprechend auf. Du hast nur 150 Zeichen, um auf dich aufmerksam zu machen. Deine genaue Berufsbezeichnung ist am wichtigsten. Spezielle Bereiche oder interessante Zusatzqualifikationen kannst du ergänzen, wenn du sie zeichentechnisch unterbringen kannst.

Ein nettes Profilfoto ist vorteilhaft. Und nicht vergessen: Auch dein Content sollte nach etwas aussehen.

Wenn möglich, solltest du immer mal wieder etwas mit Bezug zu deinem Job posten.

Show, don't tell!

Für Künstler, Handwerker und für alle, die einen sichtbaren Erfolg teilen können, bietet es sich unbedingt an, Bilder von der eigenen Arbeit als Referenz zu posten.

> **Vorsicht!**
>
> Manchmal springen dubiose „Versprechdir10K" oder ähnliche merkwürdige Angebote auf deinen Post an. Schau dir genau an, wer dich auf eine Zusammenarbeit anspricht. Ist es ein Unternehmen mit einem echten Jobangebot oder eine Masche von jemandem, der Follower sammelt oder verkaufen will?

Eigener Bewerbungskanal?

Du überlegst, deinen vorhandenen Instagram-Account auch für deine Bewerbungsdinge zu nutzen oder ob du vielleicht doch einen neuen Account für die Jobsuche erstellen sollst?

Folgende Fragen helfen dir, eine Entscheidung zu treffen:
- Möchtest du alle bereits geposteten, persönlichen Bilder und Videos auch in deinem Arbeitsumfeld öffentlich machen?
- Wie wird dein zukünftiger Arbeitgeber auf deine bisher geposteten Pics reagieren?

Du hast noch gar keinen Account und überlegst, ob du dir extra für die Jobsuche einen zulegst? Das wird ein bisschen Zeit und Geduld in Anspruch nehmen:
- Du musst dein Profil ein bisschen pflegen und regelmäßig mit Bildern bestücken – Faktor Zeit!
- Außerdem ist es gut, wenn es dir ein bisschen Spaß macht, mit Bildern umzugehen und sie zu bearbeiten – Faktor Spaß!

Nochmal Datenschutz

Bei Instagram ist alles öffentlich. Schließlich geht es bei diesem Medium genau darum, zu sehen und gesehen zu werden. Die Direct Message ist eine

Möglichkeit, einen Nutzer alleine anzusprechen. Jedoch ist fraglich, ob die Vertraulichkeit dort immer gewährleistet ist. Es ist auch möglich, dein Konto privat zu machen, was allerdings deine Sichtbarkeit einschränkt und du dann möglicherweise nicht so leicht gefunden wirst. Das ist für die Jobsuche vielleicht nicht ganz so sinnvoll. Entscheide lieber gleich kritisch, was du postest, und nutze für vertrauliche Informationen einen anderen Weg.

CHECKBOX NR. 1: FIRST STEP!

Was ist der erste Schritt, um deinen Account auf einer Socialmedia-Plattform für die Jobsuche zu nutzen?

A) Möglichst viele Follower sammeln.
B) Aktiv sein und selbst Unternehmen ansprechen.
C) Profil prüfen und aktualisieren.

Lösung hier
oder in Kapitel 9.

BUSINESS-NETZWERKE

Gute Business-Netzwerke sind naturgemäß hervorragend für die Jobsuche geeignet. Hier geht es darum, Kontakte zu knüpfen und zu checken, ob nützliche Vernetzungen und Partnerschaften möglich sind. Und natürlich um Jobs. Dort gibt es so viele Recruiter, Headhunter und Personalentscheider, wie Sand in der chinesischen Taklamakan Wüste.

Dein Profil ist hier der Hauptdarsteller – let's go, it's showtime!

Refresh!

Ein vernachlässigtes Profil im Business-Netzwerk ist wie ein Smartphone ohne Akku. Es existiert zwar, aber es bringt dir nichts! Aktualisiere dein Profil regelmäßig!

Zwei der bekanntesten Business-Netzwerke sind LinkedIn und XING.

LinkedIn

Das Unternehmensziel von LinkedIn ist nach eigener Aussage, Fach- und Führungskräfte rund um den Globus zusammenzubringen, um sie produktiver und erfolgreicher zu machen. Mit über 600 Millionen Nutzern[1] ist es weltweit das größte unter den Business-Netzwerken.

Die weitaus meisten Nutzer finden sich in den USA. Aber bei ca. 12 Millionen Nutzern[2] im deutschsprachigen Raum eignet sich LinkedIn bestens für die Jobsuche hierzulande. Eine wunderbar einfache Möglichkeit, um Jobs zu finden und sich zu bewerben. Die Jobbörse bekommst du unübersehbar auf deinen Startbildschirm.

Bewerben über LinkedIn

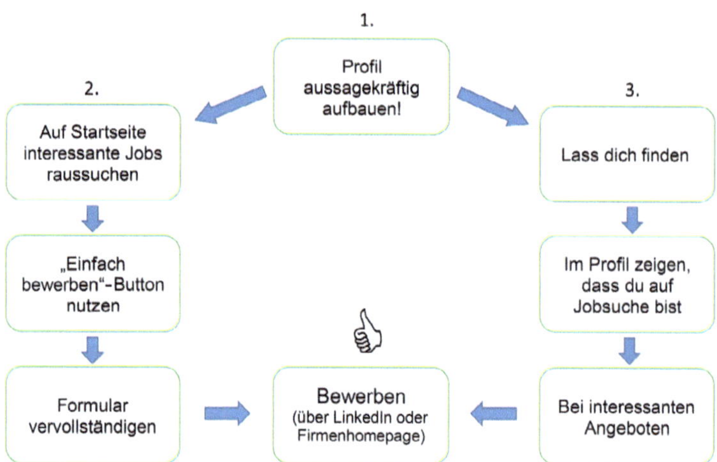

1. Profil aussagekräftig aufbauen!

Die Vorstellungskarte ist dein Aushängeschild. Wenn du keinen Slogan angibst, trägt LinkedIn automatisch deine letzte, im Profil angegebene Position

[1] LinkedIn-Statistik – Stand: 01/2019
[2] Ebd.

ein. Diese Zeile ist der Köder am Haken deines Aushängeschilds. Vielleicht überlegst du dir einen smarten Spruch als Slogan. Recherchiere mal, was andere in deinem Berufsfeld so schreiben. Daran kannst du dich ein bisschen orientieren.

Überlege beim Vervollständigen deines Profils, auf welche Matchingwords Recruiter für den angestrebten Job reagieren. Stelle deine Qualifikationen und Erfolge in den Vordergrund. Und vergiss nicht, deine genaue Berufsbezeichnung anzugeben.

Lass dir von ehemaligen Chefs oder Kollegen deine Kenntnisse und Fertigkeiten verifizieren. So hast du direkt im Profil tolle Referenzen.

2. Auf Startseite interessante Jobs rausuchen

Du kannst mit der Jobsuche direkt auf deinem Starbildschirm beginnen. Entsprechend deiner angegebenen Berufsbezeichnung bekommst du bereits Vorschläge. Du kannst aber auch nach anderen Bezeichnungen suchen.

Wenn du einen interessanten Job gefunden hast, brauchst du nur auf Einfach bewerben klicken und das Bewerbungsformular ergänzen.

Über den Button Auf Firmenwebseite bewerben wirst du auf die Website der Firma weitergeleitet und folgst dort dem weiterem Procedere.

3. Lass dich finden

Benutze in deinem Profil die Möglichkeit, Recruiter wissen zu lassen, dass du verfügbar bist. Du kannst auch am Anfang deiner Einleitung schreiben, dass du eine neue Arbeitsstelle suchst. Denke aber dran, dass dein aktueller Arbeitgeber das auch lesen kann.

Wenn du es etwas defensiver möchtest, kannst du es auch ans Ende deiner Einleitung stellen und schreiben: „Interessiert an neuen Herausforderungen". Aber auch hier musst du damit rechnen, dass dein aktueller Arbeitgeber es sieht und diese Aussage zu interpretieren weiß.

Was alles geht:

- selbst nach passenden Kontakten suchen
- sich an Diskussionen beteiligen
- eigene Beiträge posten

- Verlinkung von Arbeitsproben
- Verlinkung auf die eigene Homepage
- Themengruppen beitreten oder selbst gründen
- Mobile Anwendung
- Kostenfreier Basis-Account
- Kostenpflichtige Premiumpakete

LinkedIn hat eine Reihe kostenpflichtiger Premiumpakete zur Auswahl. Je nachdem, welche Kategorie du auswählst, gibt es verschiedene Vorteile, zum Beispiel:

- Eigene Bewerbung an bevorzugte Stelle beim Arbeitgeber
- Suche nach Joblevel und Funktion im Unternehmen
- Suche nach Unternehmensgröße
- Einsehbar, wer das eigene Profil besucht hat
- Optimierte Suche durch intelligente Filter
- Erweiterte Kommunikationsmöglichkeiten, zum Beispiel durch Profil-Organizer

Special:

Reputationen von Dritten! Du hast die Möglichkeit deine eingetragenen Kenntnisse und Fähigkeiten von ehemaligen Arbeitgebern und Kollegen verifizieren zu lassen.

XING

XING ist ein Karriere- und nach eigener Verlautbarung das größte deutsche Businessnetzwerk, mit mehr als 15 Millionen Nutzern[3] im deutschsprachigen Raum. Berufliches Networking ist auch hier der Hauptzweck und daher bestens geeignet für die Jobsuche.

[3] xing.com – Stand: 02/2019

Bewerben über XING

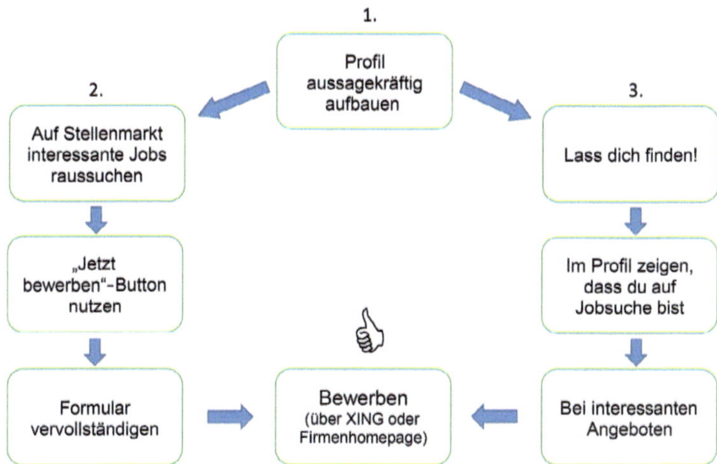

1. Profil aussagekräftig aufbauen

- Dein Profilspruch: Bitte keine philosophischen Anwandlungen! Formuliere klar und sachlich, was dich auszeichnet oder was dein berufliches Motto ist!
- Bei Berufsbezeichnung gib bitte nur die genaue Bezeichnung deines Berufs an. Für detaillierte Angaben stehen die Profildetails zur Verfügung.
- In den Profildetails kannst du unter „Ich biete“ Tätigkeiten deines Berufsfeldes eintragen, zum Beispiel Digitalisierungsmanagement oder Controlling.
- Bei „Ich suche“ gibst du die beruflichen Tätigkeiten an, die dich interessieren.

2. Nutze den XING-Stellenmarkt

XING bietet einen eigenen Stellenmarkt, den du auch ohne Registrierung nutzen kannst. Sinnvoller ist es aber mit einem eigenen XING-Account. So hast du mehr Funktionen und vor allem kannst du dich mit deinem XING-Profil bewerben.

Den Stellenmarkt findest du auf der Leiste in der linken Seite über das Bürostuhl-Icon.

3. Lass dich finden

Gib bei „Ich suche" ein, dass du eine neue Arbeitsstelle oder eine neue Herausforderung suchst. Oder stelle deinen Karrierestatus auf „Aktiv auf Jobsuche" oder wenigstens auf „Ich bin zwar nicht auf Jobsuche, aber offen für Angebote".

In jedem dieser Fälle sind deine Absichten jedem Recruiter klar, vermutlich aber auch deinem aktuellen Arbeitgeber – vergiss das nicht!

Was alles geht:

- Selbst nach passenden Kontakten suchen
- Sich an Diskussionen beteiligen
- Eigene Beiträge posten
- Verlinkung von Arbeitsproben
- Direkte Verbindung zu kununu (Arbeitgeberbewertungsportal)
- Kostenfreier Basis-Account
- Kostenpflichtige Premium-Mitgliedschaft
- ProJobs-Mitgliedschaft

Vorteile einer kostenpflichtigen Mitgliedschaft:

- Bessere Präsentation des eigenen Profils
- Einsehbar, wer das eigene Profil besucht hat
- Bessere Auffindbarkeit des eigenen Profils
- Gehaltsprognosen für viele Stellenanzeigen
- Optimierte Suche durch intelligente Filter
- Kontakte und Neuigkeiten im Blick behalten
- Erweiterte Kommunikationsmöglichkeiten
- Von Premiumpartnern profitieren

> ***Special:***
>
> XING veranstaltet Treffen von Regionalgruppen.

Alle genannten Netzwerke und Plattformen eignen sich zur Jobsuche: nach Belieben Jobshoppen und das fast nebenbei!

Wenn dir allerdings der ganze Social Media-Kram nicht liegt, mit Profilpflege, vernetzen usw., dann stöbere lieber selbst auf Bewerbungsportalen und Jobbörsen. Auch dort findest du eine große Auswahl an Stellenangeboten.

> **Nichts für dich?**
> Für alle Social Media-Kanäle gilt: Don't like? – Don't use!

BEWERBUNGSPORTALE UND JOBBÖRSEN

Bewerbungsportale, reine Jobbörsen und Jobsuchmaschinen gibt es online inzwischen so viele wie Geschmacksrichtungen bei Kaffeekapseln – eine unglaublich große und bunte Auswahl! Nachfolgend findest du eine kleine Kostprobe.

Auf Bewerbungsportalen und zunehmend auch auf den Seiten der Jobbörsen erhältst du meistens noch weitere Tipps und Informationen zum Thema Bewerbung.

www.arbeitsagentur.de

Die Jobbörse der Arbeitsagentur. Einstieg über die Seite der Arbeitsagentur und dann über „Job suchen". Etwas umständlich, aber natürlich hat die Seite noch eine Menge anderer Aufgaben.

- ☑ Erstellen eines eigenen Accounts möglich
- ☑ Anlegen eines eigenen Profils möglich
- ☐ One-Click-Bewerbung möglich
  Überwiegend Weiterleitung an Arbeitgeber oder auch nur hinterlegte Kontaktdaten bzw. Benachrichtigung via Jobbörse.
- ☑ Jobs suchen ohne Registrierung
- ☑ Stellenangebote per E-Mail oder SMS
- ☐ Internationale Jobsuche

> ***Specials:***
> - Übersichtliche Suchfunktionen in der Leiste am linken Rand.
> - Mit registriertem Account können auch Anträge, zum Beispiel auf Arbeitslosengeld, online beantragt oder andere Formalitäten, die Agentur für Arbeit betreffend, erledigt werden.

www.indeed.de

Nach eigener Aussage ist Indeed mit mehr als 250 Millionen Besuchern monatlich die weltweit führende Jobseite.[4]

Die klare Mission dieser Jobbörse lautet: „We help people get jobs". Durch sofortige Ansprache von anderen Suchmaschinen kann Indeed auf Tausenden von Seiten nach Stellenanzeigen suchen. Unternehmen haben außerdem die Möglichkeit, ihr Jobangebot direkt auf Indeed zu posten.

Das Layout ist spartanisch, aber es ist eben kein Bewerbungsportal, sondern eine Jobbörse. Dafür ist die Suche einfach durchzuführen – so gut wie automatisch – so heißt es auch in der Eigenwerbung von Indeed.

- ☑ Erstellen eines eigenen Accounts möglich
- ☐ Anlegen eines eigenen Profils möglich
- ☑ One-Click-Bewerbung möglich
- ☑ Jobs suchen ohne Registrierung möglich
- ☐ Stellenangebote per E-Mail oder SMS
- ☑ Internationale Jobsuche

  Nach Eingabe des gewünschten Landes wird man auf die jeweilige Indeed-Jobbörse weitergeleitet (z. B. www.indeed.ch).

> ***Specials:***
> - Es gibt einen Assistenten zum Erstellen eines eigenen Indeed-Lebenslaufs.
> - Du findest dort viele Unternehmensbewertungen. So kannst du dir schon ein Bild von dem einen oder anderen Unternehmen machen, bevor du dich bewirbst.

[4] www.de.indeed.com/about – Stand: 03/2019

www.jobs.de

Jobs.de ist eine der größten deutschen Jobbörsen mit zahlreichen Karrieretipps. Sie gehört zum Unternehmen CareerBuilder, ist aus einem Zusammenschluss mit JobScout24 entstanden und blickt auf über 20 Jahre Erfahrung im Zusammenführen von Bewerbern und Arbeitgebern zurück.

☑ Erstellen eines eigenen Accounts möglich
☑ Anlegen eines eigenen Profils möglich
☑ One-Click-Bewerbung möglich
Abhängig davon, ob der ausgewählte Arbeitgeber diese Möglichkeit anbietet.
☑ Jobs suchen ohne Registrierung
☑ Stellenangebote per E-Mail oder SMS
☐ Internationale Jobsuche

Special:

Jobs.de bietet eine zusätzliche Website mit zahlreichen Karriere-Tipps.

www.jobware.de

Jobware ist eine Jobbörse speziell für Fach- und Führungskräfte und besteht bereits seit über 20 Jahren.

☐ Erstellen eines eigenes Accounts möglich
☐ Anlegen eines eigenen Profils möglich
☐ One-Click-Bewerbung möglich
☑ Jobs suchen ohne Registrierung
☐ Stellenangebote per E-Mail oder SMS
☐ Internationale Jobsuche

Specials:

- Mit Brutto-Netto-Gehaltsrechner auf der Website
- Durch Veranstaltungskalender immer auf dem Laufenden
- Extra Ratgeber für Karriere und Bewerbung
- Angebot einer kostenlosen Mitgliedschaft im Kandidaten-Netzwerk für den verdeckten Arbeitsmarkt

www.monster.de

Mit seinem Know-how möchte das Team von Monster.de die Jobsuchenden – nach eigener Aussage[5]– unterstützen und mit Tipps und viel Support auf den Weg zum richtigen Job bringen. Mit ebenfalls mehr als 20-jähriger Markterfahrung gehört auch Monster zu den etablierten Bewerbungsportalen.

☑ Erstellen eines eigenen Accounts möglich (mit Lebenslaufdatenbank)
☑ One-Click-Bewerbung
☑ Jobs suchen ohne Registrierung
☑ Stellenangebote per E-Mail oder SMS
☑ Internationale Jobsuche über www.jobs-im-ausland.monster.de

> ***Special:***
> Der Support ist monsterstark dank ausführlicher Karriereberatung und zahlreichen Bewerbungstipps.

www.stepstone.de

Nach eigenem Bekunden ist StepStone eine der führenden Jobbörsen in Deutschland.[6] StepStone weist ebenfalls eine jahrzehntelange Erfahrung im Jobbusiness auf, es wurde 1996 gegründet.

☑ Erstellen eines eigenen Accounts möglich (mit Lebenslaufdatenbank)
☑ One-Click-Bewerbung
☑ Jobs suchen ohne Registrierung
☑ Stellenangebote per E-Mail oder SMS
☑ Internationale Jobsuche

> ***Specials:***
> - Viele Tipps und Artikel zum Thema Jobsuche und Bewerbung.
> - Gehaltsreport mit Informationen über den Gehaltsdurchschnitt aus unterschiedlichen Berufssparten für Fach- und Führungskräfte.

---

5 www.monster.de (Unternehmensprofil) – Stand: 03/2019
6 stepstone.de (Overview) – Stand: 04/2019

www.stuzubi.de

Das Bewerbungsportal stuzubi.de richtet sich hauptsächlich an Schüler, Studenten und Young Professionals. Es bietet eine Vielzahl von Tipps und Veranstaltungshinweisen rund um das Thema Berufsstart.

- ☐ Erstellen eines eigenen Accounts möglich
- ☐ One-Click-Bewerbung möglich
- ☑ Jobs suchen ohne Registrierung
- ☐ Stellenangebote per E-Mail oder SMS
- ☐ Internationale Jobsuche

Specials:

- Farblegende: An verschiedenen Farben lässt sich schnell erkennen, welche Eigenschaften für Ausbildung oder Job benötigt werden.
- Karrieremesse stuzubi.de: Eigene Messe, auf der sich Schüler, Studenten und Young Professionals über verschiedene Berufe informieren und Kontakte knüpfen können.

Du weißt schon genau, was du suchst?

Vielleicht lohnt es sich für dich, gleich auf Portalen und Börsen zu schauen, die sich auf die eine oder andere Weise spezialisiert haben. Hier ein paar Beispiele:

Hier findest du Jobs im Hotel- und Gastronomiegewerbe:
www.hotelcareer.de

Oder suchst du eine Stelle als Ingenieur? Dann vielleicht hier:
www.ingenieur-jobs.com

Oder möchtest du ausschließlich in deiner Stadt suchen?
Dann versuche es mal hier:
www.jobs.meinestadt.de

CHECKBOX NR. 2: SCRABBLE-TIME!

b c e e g i i i l M n o R r t u

Oh nein! Da hat tatsächlich jemand einen Cleaning-Anfall gehabt! Unglücklicherweise sind jetzt alle Buchstaben des gesuchten Begriffs alphabetisch geordnet! Kannst du anhand der Buchstaben eine angesagte Form der Personalsuche zusammenscrabbeln?

☐☐☐☐☐☐ ☐☐☐☐☐☐☐☐☐☐

Lösung hier
oder in Kapitel 9.

3

Bewerbungsformate

BEWERBUNG PER E-MAIL

Die Bewerbung per E-Mail hat sich gegen die Papierbewerbung durchgesetzt. Es geht schnell, ist günstig und du kannst deine Bewerbung von zu Hause aus oder von unterwegs versenden, so wie es dir am besten passt. Die Bewerbungsdatei wird als Anhang an eine E-Mail angefügt. Die E-Mail enthält dann nur noch einen kurzen Anredetext mit dem Verweis auf die angehängte Bewerbungsdatei.

Anschreiben als E-Mail-Text

Den Text des Anschreibens direkt in die E-Mail zu schreiben, hat sich nicht bewährt. Häufig werden Bewerbungen an zweite oder dritte Entscheider weitergeleitet. Dann rutscht das Anschreiben unter die Nachrichten der weiterleitenden Personen und wichtige Informationen werden leicht übersehen.

Anredetext

Begrenze den Anredetext in deiner E-Mail lieber auf das Nötigste und packe deine Bewerbung, mit allem was du zu sagen hast, komplett in ein einziges PDF.

Best practice!

Die E-Mail-Bewerbung ist derzeit die gängigste Bewerbungsform.

Empfänger

Maile den richtigen Empfänger an. Falls du den Namen des Ansprechpartners nicht kennst, schau auf der Homepage des Unternehmens nach. Meist wird dort unter „Karriere“ oder „Jobs“ zumindest eine E-Mail-Adresse für Bewerbungen angegeben.

E-Mail-Betreff

Bezeichne den Betreff möglichst genau. Das Wort „Bewerbung“ reicht nicht aus, um beim richtigen Ansprechpartner zu landen. Es wäre doch schade, wenn deine Bewerbung erst durch verschiedene Postfächer geschossen wird und anschließend trotzdem nicht beim Verantwortlichen landet.

Anredetext

In der E-Mail reicht ein kurzer Anredetext, der lediglich einige Formalien erfüllen soll.

Was gehört rein? Die Anrede, ein kurzer Hinweis auf den Anhang, am Schluss eine Grußformel und deine kompletten Kontaktdaten.

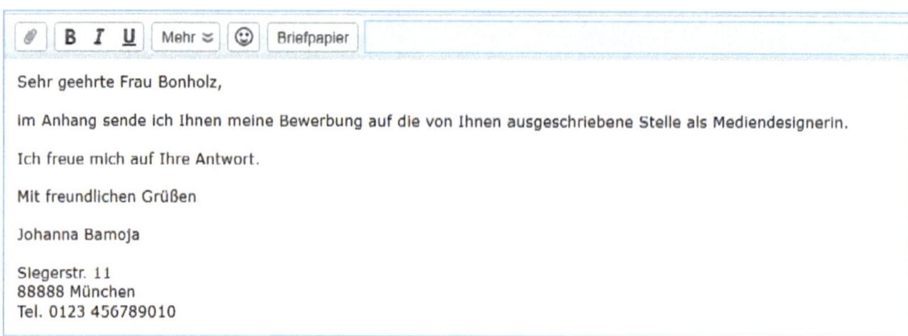

Sehr geehrte Frau Bonholz,

im Anhang sende ich Ihnen meine Bewerbung auf die von Ihnen ausgeschriebene Stelle als Mediendesignerin.

Ich freue mich auf Ihre Antwort.

Mit freundlichen Grüßen

Johanna Bamoja

Siegerstr. 11
88888 München
Tel. 0123 456789010

Anhang

Im Anhang übersendest du deine gesamten Bewerbungsunterlagen in einem einzigen PDF. Achte beim Scannen auf die richtige Reihenfolge. Beim Öffnen deiner Datei sollte zuerst das Cover, dann das Anschreiben usw. erscheinen. Die richtige Reihenfolge findest du in Kapitel 4 „Alles drin?“. Gib der Datei den Namen „Bewerbung“ und hänge nach einem Leerzeichen oder einem Unterstrich deinen Vor- und Nachnamen dran. So kann deine Datei vom Empfänger schnell zugeordnet werden.

pdf Bewerbung_JohannaBamoja

Zeitgemäß

Die Bewerbung per E-Mail ist schnell, praktisch und zeitgemäß. Gleichzeitigt kannst du so die Kopie gleich im eigenen Postfach speichern.

Lesebestätigung

Fordere keine automatische Lesebestätigung an. Diese gruselige Funktion sollte zu den zehn nervigsten Erfindungen des Jahrhunderts gewählt werden. Wer möchte schon gerne kontrolliert werden, wann er seine E-Mails liest und wie lange er sich mit der Antwort Zeit lässt?

Storytelling

Gute Geschichtenerzähler sind gefragt, zum Beispiel im Marketing und beim Interview. Aber im Anredetext der E-Mail brauchst du keine zusätzlichen Informationen oder angestaubten Floskeln unterzubringen. Alles, was es zu deiner Person und deiner Bewerbung zu sagen gibt, hast du in der PDF-Datei untergebracht. So muss die E-Mail vom Empfänger auch nicht ausgedruckt oder übertragen werden, sondern nur das PDF.

Zeugnisvielfalt

Längst nicht alle Zeugnisse und Bestätigungen, die du bei verschiedensten Gelegenheiten bekommen hast, sind für jede Stelle relevant. Blähe deine Datei nicht unnötig mit Dokumenten ohne Bezug zur aktuellen Stelle auf.

Banish!

Verbanne alle Bestätigungen aus deiner Bewerbung, die keinen Bezug zum Job haben und dich auch noch schlecht aussehen lassen!
Z.B. eine Bestätigung über eine nicht bestandene Weiterbildung!
Who cares? Raus damit!

PAPIER-BEWERBUNG

Bewerbung auf Papier ausdrucken und per Briefpost schicken? Ein bisschen Retro kommt dieses Format allmählich daher, bei all der digitalen Konkurrenz. Aber grundsätzlich ist es noch möglich, sich mit einer sorgfältig gestalteten Mappe zu bewerben.

Vorteile:

- Du weißt genau, wie deine Unterlagen und dein Foto beim Entscheider ankommen.
- Du kannst sicher sein, dass deine Bewerbung ankommt. Selten verliert die Post einen Brief. Eine E-Mail landet dagegen eher mal im Spam oder wird aus anderen Gründen übersehen.

Nachteile:

- Das Zusammenstellen einer ordentlichen Mappe ist insgesamt aufwendiger und kostspieliger: Unterlagen ausdrucken, Foto aufkleben, gerade in Klemmhefter spannen, Umschlag ordentlich beschriften, ausreichend frankieren und zur Post bringen.
- Wird von vielen, insbesondere großen Unternehmen nicht mehr als zeitgemäß empfunden bzw. ganz abgelehnt.

No thanks!

Wenn ein Unternehmen explizit darauf hinweist, dass es andere Bewerbungsformate bevorzugt, ist das eine klare Absage an die Papierform!

BEWERBUNG VIA ONLINE-FORMULAR

Bühne frei für das Online-Formular!

Das Online-Formular ist für Unternehmen eine spürbare Arbeitserleichterung, besonders zu Zeiten, in denen es mehr Bewerber als Jobs gibt.

Inzwischen hat sich das Verhältnis Bewerber/Jobs stark verändert und es gibt mehr Jobs als Bewerber. Im Formate-Ranking hält sich das Online-Formular bisher noch im oberen Bereich. Viele Felder können automatisch verglichen und ausgewertet werden. was eine klare Zeitersparnis für Unternehmen bedeutet.

Hier ein Beispiel für ein Online-Bewerbungsformular und im Anschluss daran ein Beispiel für ein Online-Bewerbungsformular[7], das für die mobile Anwendung zur einfachen Smartphone-Nutzung optimiert wurde.

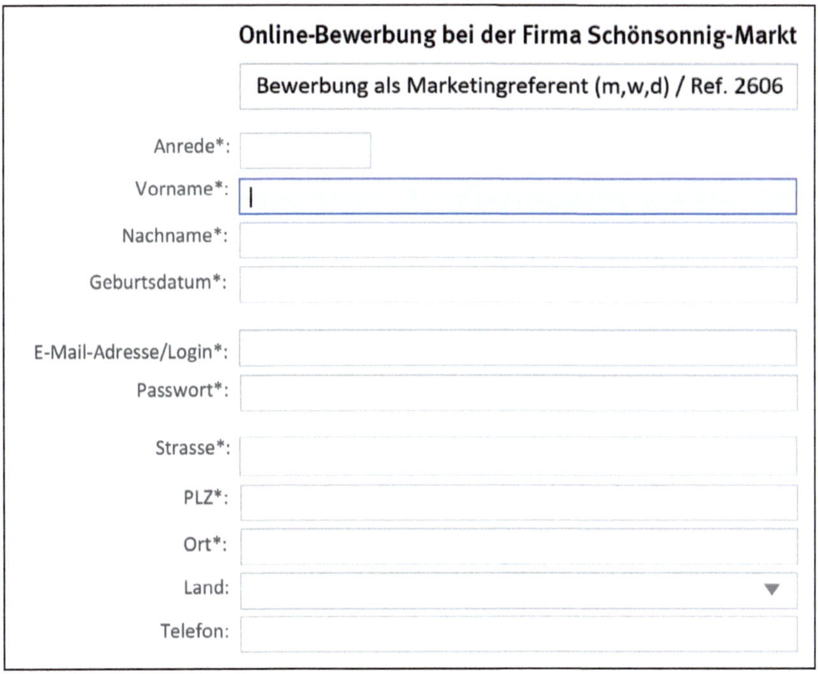

Online-Bewerbung bei der Firma Schönsonnig-Markt

Bewerbung als Marketingreferent (m,w,d) / Ref. 2606

Anrede*:
Vorname*:
Nachname*:
Geburtsdatum*:

E-Mail-Adresse/Login*:
Passwort*:

Strasse*:
PLZ*:
Ort*:
Land:
Telefon:

[7] Abdruck mit freundlicher Genehmigung der REWE GROUP

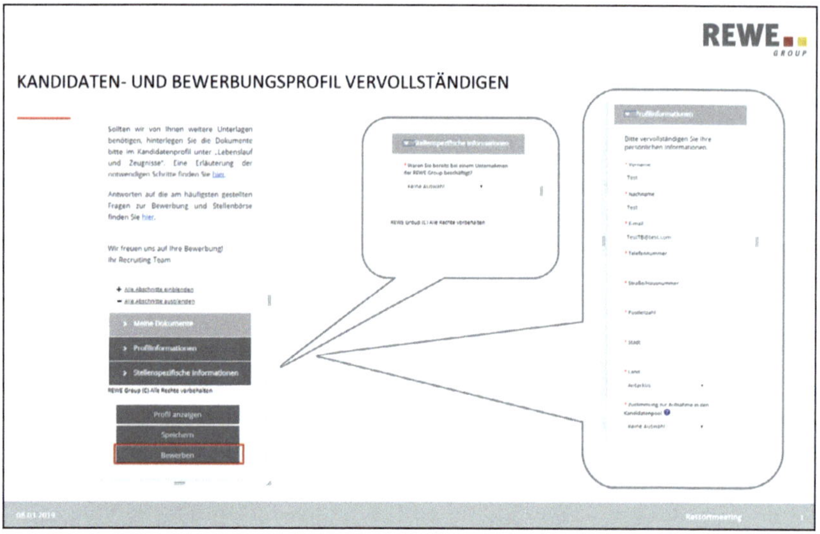

Ungeliebter Hauptdarsteller

Erstaunlicherweise lieben Bewerber dieses Tool nicht besonders, obwohl sie ebenfalls davon profitieren. Es handelt sich um eine Dateneingabe der einfachsten Art. Trotzdem wird es auf Bewerberseite nicht so unbefangen angenommen, wie Arbeitgeber sich das wünschen. Bei schwindenden Bewerberzahlen wird die Zukunft zeigen, ob das Online-Formular sich weiterhin halten kann oder ob die Bewerber es verweigern und es damit irgendwann zum Kippen bringen.

Bearbeitung

Das Ausfüllen gestaltet sich denkbar einfach. Du musst nur die Fragen abarbeiten. Meist hast du noch Platz für einen kleinen Freitext, in dem du Zusatzinformationen unterbringen kannst. Manchmal wird aber noch darum gebeten, ein Anschreiben hochzuladen.

Fast alle Arbeitgeber sehen für ihre Online-Formulare auch eine Speicherfunktion vor, so dass du zwischenspeichern kannst und nicht alles in einem Arbeitsgang ausfüllen musst.

Rechtschreibung

Die schlechte Nachricht zuerst: Rechtschreibung bleibt wichtig!

Ein Computer übernimmt die Vorauswahl. Ein Programm erkennt falsch geschriebene Wörter schneller und sicherer als ein Mensch. Ein solches Roboter-Programm kann keine Zugeständnisse machen. Die Bewerbung wird aussortiert, je nachdem wie die Filter voreingestellt wurden, das heißt entweder nach einer bestimmten Anzahl von detektierten Fehlern oder sogar mit einer Null-Fehler-Toleranz.

Maschine vs. Maschine

Die gute Nachricht ist: Du kannst die Online-Rechtschreibung mit gleichen Waffen besiegen. „Copy, paste und prüfen" ist dein Schwert gegen Recruiting-Bots und automatisches Aussortieren!

Kopiere deine geschriebenen Freitexte beispielsweise in ein Word-Dokument und lasse die Rechtschreibprüfung ihren Job machen, bevor du das Online-Formular abschickst.

Griffbereit

Wenn deine Unterlagen geordnet und griffbereit sind, kannst du das Online-Formular sogar auf der Habenseite einer positiven Candidate Experience[8] verbuchen.

Lege alle Unterlagen, die du für eine Bewerbung brauchst, in einem Verzeichnis ab.

INFOBOX: ZEITSPARENDE ORDNERSTRUKTUR

- Aktueller Lebenslauf
- Relevante Zeugnisse und Nachweise
- Sympathisches Foto
- Eventuell Stichpunktliste mit Details zum Lebenslauf

[8] Die Candidate Experience ist die Erfahrung, die du als Bewerber mit dem Bewerbungsprozess einer Firma machst.

Was ist wichtig?

1. Schau genau
   Lies die Fragen genau durch, bevor du die Antworten anklickst oder einträgst.

2. All in
   Beantworte alle Fragen, lasse nichts aus, außer es trifft nicht auf dich zu oder es wird nach persönlichen Daten gefragt, die nicht mehr angegeben werden müssen.

3. Hochladen
   Lade alle erbetenen Dokumente, wie Lebenslauf und Zeugnisse, hoch.

4. Letzter Check
   Checke vor dem Senden das gesamte Formular mit der SOS-Formel (siehe Kapitelende). Passt alles? Sind deine Freitexte gut verständlich? Korrigiere Rechtschreibfehler!

5. Senden
   Ab damit!

6. Und dann?
   Checke alle ein bis zwei Tage deinen Account, ob sich der Status deiner Bewerbung verändert hat. Gegebenenfalls wirst du direkt über das Recruiting-Tool eingeladen. Eine andere Möglichkeit ist ein telefonisches Feedback oder die Kontaktaufnahme per E-Mail.

Reminder

Lade dir die App deines E-Mail-Betreibers auf dein Smartphone, um dich über eingehende E-Mails informieren zu lassen und jederzeit Zugriff auf deinen Posteingang zu haben. Das Online-Formular ist ein Tool für eine schnelle Anbahnung, weshalb du schnell reagieren können solltest.

Besonderheiten des Online-Formulars:

- Dank eigener Logindaten besteht die Möglichkeit, den Status der Bewerbung passwortgeschützt jederzeit einzusehen.
- Mit einer cleveren Auswahl an Matchingwords kann sich der Bewerber eine gute Ausgangslage verschaffen.
- Fragen und Antwortmöglichkeiten sind weitgehend standardisiert. Dadurch muss der Bewerber wenig selbst formulieren. Und für die Unternehmen ist eine schnelle Vergleichbarkeit möglich. Das bedeutet für den Bewerber eine schnellere Rückmeldung.

Aber: Rechtschreibfehler bei Matchingwords wiegen schwerer!

Ausfüllhilfe Freitext

Das Auswertungsprogramm, das über deine Antworten läuft, sucht nach Matchingwords, die zum Stellenprofil passen bzw. die in der Anzeige direkt abgefragt werden. Es lohnt sich im Freitext, relevante Wörter aus der Jobanzeige zu wiederholen. Für die Computerauswertung könntest du die Wörter auch einfach in einer Liste untereinander schreiben. Die zweite oder dritte Sichtung übernimmt jedoch ein Mensch – und der bewertet deine Bewerbung positiver, wenn du die Matchingwords in einem kleinen Text zusammenfasst.

CHECKBOX NR. 3: MATCHINGWORDS

Wir suchen für unser freundliches Team in der Kanzlei Hubbel & Bubbel zur Verstärkung:

1 Steuerfachkraft m/w/d

Schwerpunkt EU-Recht

Verhandlungssichere Deutschkenntnisse und einschlägige Erfahrungen in ähnlicher Position sind Voraussetzung. Englisch- und Französischkenntnisse vorteilhaft. Idealerweise haben Sie bereits mit der Software Lingu-Lall gearbeitet. Wir bieten sehr gute Sozialleistungen und freuen uns auf Ihre Bewerbung.

***Hier** geht es zum Online-Bewerbungsformular!*

Und jetzt du!

In diesem Freitext für das Online-Formular fehlen die Matchingwords! Verschaffe unserem Bewerber eine gute Ausgangsposition bei den Recruiting-Bots und schließe die Lücken im Freitext optimal:

Sie suchen für Ihr freundliches ____________ eine ____________ mit Schwerpunkt ____________

Ich konnte bereits ____________ Erfahrungen in ähnlicher Position sammeln.

Meine Deutschkenntnisse sind ____________ und ich spreche sehr gut Englisch. Grundkenntnisse in ____________ bringe ich ebenfalls mit. Mit der Software ____________ arbeite ich bereits seit einigen Jahren.

Ich freue mich auf ein persönliches Gespräch mit Ihnen.

Mit freundlichen Grüßen
Lilo Lückenschneider

Lösung hier
oder in Kapitel 9.

ONE-CLICK-BEWERBUNG

Nur ein Klick vom Traumjob entfernt? Bei guter Umsetzung wird die One-Click-Bewerbung zum echten Jobshopping-Erlebnis!

1 x klicken, schon beworben! Das ist genial.

Vorarbeit Lebenslauf

Zwar steht vor diesem fantastischen Tool auch ein bisschen Anpassungsarbeit, aber es lohnt sich.

Bei der One-Click-Bewerbung kannst du auf Jobbörsen/-portalen, die das Feature anbieten, deinen Lebenslauf hochladen. Wenn du dich irgendwo bewerben willst, schickst du mit einem Klick deinen – logischerweise aktuellen – Lebenslauf hin.

→ *Infos zum Lebenslauf findest du in Kapitel 4.*

Vorarbeit Profil

Auf vielen Portalen werden die Daten für die Bewerbung aus deinem bereits vorhandenen Profil gezogen, zum Beispiel bei *Facebook Jobs*. Dafür muss dein Profil entsprechend gepflegt sein – aussagekräftig, klar und aktuell.

Die Zusammenfassung erhältst du noch einmal zur abschließenden Prüfung. Danach versendest du die Informationen an den Arbeitgeber.

Wenn man es genau nimmt, sind das zwei Klicks – aber dieser zweite Klick ist nur zu deiner Sicherheit. So kannst du – wenn nötig – noch Korrekturen vornehmen.

BEWERBUNGSGENERATOR

Computer, mach die Bewerbung!

So ähnlich kannst du es dir tatsächlich vorstellen. Auf Grundlage der persönlichen Daten – die du natürlich zuerst eingeben musst – generiert ein solches Programm automatisch ein Anschreiben.

Maschinengeneriertes Anschreiben

Ist das ok, kann man das machen? Aber sicher! Auf vielen Bewerbungsportalen findest du inzwischen einen derartigen Service oder einen Link zu einem Bewerbungsgenerator. Deine Arbeit besteht dann nur noch darin, das Tool mit Informationen zu füttern und am Ende zu prüfen, ob die Sätze passen. Nice!

Perfekt?

Ganz perfekt sind die Anschreiben mit dem Generator noch nicht. Und häufig empfindet ein Mensch einen solchen Text als unnatürlich. Achte deswegen darauf, dass es nicht zu monoton wird und korrigiere Ausdrücke und Sätze, die gar nicht zu dir passen.

> **Bewerbungsgenerator**
>
> Das Tool der Zukunft? Der Gedanke bietet sich an. Aber unsere Zukunft wird wohl völlig ohne Anschreiben und aufwendig gestaltete Unterlagen auskommen und so ist es nur ein nützliches Übergangstool.

Nur für das Anschreiben?

Nein! Auch Lebenslauf, Cover und eventuell eine Motivationsseite lassen sich teilweise schon so erstellen.

Der Aufwand ist aber bei diesen Seiten höher, als bei einem Anschreiben in Fließtext. Formatierungen und Zeilen, die nicht passen, müssen händisch nachgearbeitet bzw. völlig umgebaut und ersetzt werden. Und wenn das Bearbeiten des automatischen Ergebnisses mehr Zeit kostet, als es selbst zusammenzusetzen, fällt die Entscheidung in diesen Fällen wohl gegen den Bewerbungsgenerator aus.

Vorteil:

Trendig und schnell!

Nachteile:

- Der Text kann unnatürlich wirken und von Menschen unbewusst abgelehnt werden.
- Manchmal ist es doch mehr Arbeit als zunächst gedacht:
  - Alle Daten eingeben
  - Überprüfen der Ergebnisse
  - Korrigieren der Ergebnisse

VIDEOCLIP

Showtime!

Die visuelle Darstellung der eigenen Person ist genau dein Ding? Du bist eher Entertainer als Geschichtenschreiber? Wenn du dich dabei richtig wohl fühlst, warum nicht einen kurzen Videoclip an den zukünftigen Arbeitgeber schicken? Gerade in Berufen mit Kundenkontakt kannst du hier gleich zeigen, dass du gut rüberkommst!

Profidreh vs. Smartphone Clip

Was hast du vor? Dich in Hollywood für eine Steven Spielberg-Produktion als Schauspieler bewerben oder dich für eine Stelle als CEO bei Samsung Electronics in Südkorea empfehlen? Dann ist das Geld für einen Profidreh sicher bestens investiert. In den meisten anderen Fällen dürfte ein hochwertiges Smartphone oder ein guter Camcorder die passende Alternative sein.

Auch wenn es dich nicht nach Hollywood zieht, ein paar Regeln gibt es dennoch zu beachten:

Outfit

Kleide dich entsprechend den Gepflogenheiten in der angestrebten Branche oder etwas schicker. Bitte ziehe ein komplettes Outfit an – auch wenn niemand sieht, dass du in Unterhose dastehst. Doch wenn du von Kopf bis Fuß passend gekleidet bist, wirst du dich anders fühlen, bewegen und auftreten.

Haltung und Mimik

Im Stehen wirkst du dynamischer. Das gibt dir auch selbst ein aktiveres Gefühl, was im Film tatsächlich rüberkommt. Die Kamera oder das Smartphone sollte etwa auf Augenhöhe sein. Ein Stativ sorgt für einen wackelfreien Auftritt. Nicht von oben oder unten filmen. Freundlich lächeln und entspannt bleiben.

Umgebung

Der Hintergrund muss aufgeräumt sein und am besten nicht zu unruhig oder zu bunt. Lieber nicht vor einem vollgestopften Regal, besser vor einer Wand, eventuell mit einem Bild im Hintergrund oder vor einem Regal, in dem nur wenig drin ist.

Vermeide Nebengeräusche. Eine Toilettenspülung auf der Aufnahme ist wenig sexy. Und ein knurrender Hund als Hintergrundmusik während deiner Ansprache passt höchstens, wenn du dich als Tierpfleger bewerben willst.

Licht

Bitte nicht im Gegenlicht filmen, denn so bist du nur schlecht zu erkennen. Dein Gesicht soll gut beleuchtet sein, ohne dich zu blenden.

Text

Während deiner Rede solltest du dein Anliegen, deine Qualifikation, also deine Schokoladenseite, exakt auf den Punkt bringen. Keine überflüssigen Informationen.

Bereite den Text vor, lies ihn aber nicht ab. Die Zeitspanne soll nicht mehr als ein bis zwei Minuten betragen, bei normalem Redetempo.

Was soll rein?

- Name
- Wohnort (nur der Ort, keine vollständige Anschrift)
- Genaue Stellenbezeichnung
- Beruf/Studium
- Berufserfahrung evtl. in welchem Bereich und Soft Skills
- Warum dieses Unternehmen und diese Position
- Nicht vergessen: Nach persönlichem Gespräch fragen!
- Kontaktdaten angeben

Hier ein kurzer Beispieltext für deinen Filmauftritt – es ist eine von vielen Möglichkeiten und dient als Inspiration! Also – Kamera läuft:

Ich bin Mia Musterking aus München und ich bewerbe mich bei Ihnen als Eventmanagerin für Groß-Events. Referenznummer 1303.

Ich habe Betriebswirtschaftslehre studiert und eine Ausbildung zur Eventmanagerin bei der BigFach AG drangehängt.

Seit zwei Jahren arbeite ich in einem renommierten Marktforschungsinstitut im Bereich Meinungsbildung bei Freizeitangeboten.

Ich spreche fließend Englisch und Französisch und habe Grundkenntnisse in Mandarin.

Ihr Unternehmen, die Flying-high-Horses AG, kenne ich bereits aus verschiedenen YouTube-Videos und schätze Ihre professionelle Arbeitsweise.

Durch meine Erfahrung als Interviewerin und durch mein Studium bin ich die ideale Besetzung für diese Stelle. Ich bin eine leistungsbereite Mitarbeiterin, die mit Leidenschaft bei der Sache ist und ich behalte auch in turbulenten Zeiten den Überblick.

Ich freue mich darauf, Ihr Team tatkräftig zu unterstützen.

Gern beantworte ich weitere Fragen bei einem persönlichen Gespräch.

Sie erreichen mich telefonisch unter 0123 456789. Dort können Sie mir auch gerne eine Nachricht hinterlassen.

Herzlichen Dank für Ihre Aufmerksamkeit!

Präsentation!

Lies den Text nicht vollständig ab. Schreibe dir Stichpunkte auf, die du auf einem Zettel hinter der Kamera in deiner Blickrichtung aufhängst.
Es macht auch nichts, wenn du den entworfenen Text nicht exakt wiedergibst. Hauptsache, alle wichtigen Infos sind drin und du kommst natürlich und sympathisch rüber!

Kontaktdaten

Gib deine Kontaktdaten im Video noch einmal an, zumindest deine Telefonnummer. Auch wenn du das schon in der E-Mail fein säuberlich aufgelistet hast. Doppelt geschnürt, hält besser!

Testlauf

Hol dir am Ende die Meinung von Freunden oder Verwandten zu deinem Dreh ein. Sie erkennen schnell, ob irgendwas ungewollt komisch oder unnatürlich rüberkommt. Im Idealfall sagen sie dir das auch.

INFOBOX: SOS FÜR ALLE FORMATE!

Bevor du deinen Text versendest, checke Rechtschreibung und Grammatik mit der SOS-Formel:

- **S**elf: Selbst Korrekturlesen! ☐
- **O**nline Spelling Checker: Rechtschreibprogramm drüber laufen lassen! ☐
- **S**omeone: Jemand anderen Korrektur lesen lassen! ☐

4
Einfach bewerben

ALLES DRIN?

Hier ein schneller Überblick über die Bewerbungsunterlagen und in welcher Reihenfolge sie angeordnet werden. Cover und Motivationsseite sind optional. Beim Anschreiben hängt es davon ab, ob es explizit verlangt wird oder nicht.

Schneller Überblick einer Bewerbung

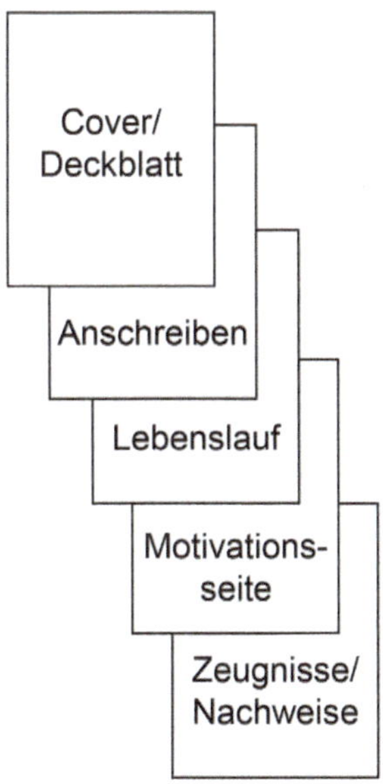

COVER

Deckblatt mit Foto

Ein Cover oder Deckblatt ist nicht unbedingt notwendig für eine Bewerbung, macht aber einiges her.

Aufwand: Gering. ☺

Wirkung: Win. ☺

Design!

Das Design ist Geschmackssache. Du brauchst dich nicht an feste Vorgaben oder DIN-Normen zu halten. Erlaubt ist, was gefällt. Akzentuiert eingesetzt, ist Farbe auch ein cooler Hingucker.

Spannendes Cover für Initiativbewerbung

Du machst den ersten Schritt und bewirbst dich bei einem Unternehmen im Blindflug – also ohne, dass der Arbeitgeber eine Stellenanzeige geschaltet hat? Dann nutze das Cover als spannenden Teaser. Eine kleine grafische Darstellung, zum Beispiel ein Diagramm, das deine Soft Skills abbildet, ist überraschend und weckt Interesse.

Bulletpoint-Cover

Eine neue Idee ist das Bulletpoint-Cover. Es eignet sich besonders, wenn du nicht vorhast, ein Anschreiben zu erstellen. Du arbeitest dann nur mit Cover, Lebenslauf und Zeugnissen.

Auf dem Cover gibst du ein paar interessante Details in Stichpunkten an. Das ist ein schöner Teaser und macht neugierig. Den Rest erledigst du über den Lebenslauf.

Bewerbung als Mediendesignerin
bei der Flying-high-Horses AG

Johanna Bamoja

Siegerstr. 11, 88888 München
Telefon Mobil 0123 456789010
E-Mail Johanna.Bamoja@ggg.dd

Deckblatt mit Foto

Initiativ-Bewerbung als Statistiker

bei der Saturn-Savoir GmbH

Moritz van Blok

Riegerstr. 1c
11111 Berlin
0012 345678
mblok@ggg.dd

DAS MACHT MICH AUS!

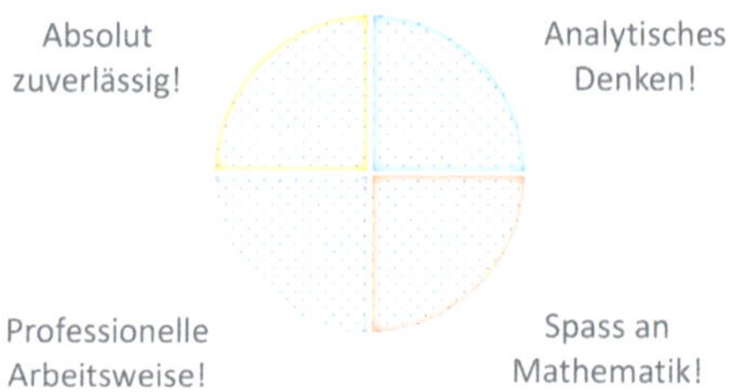

Neugierig geworden?

Cover für Initiativbewerbung

Bewerbung als Fotograf

bei der Pixelplayer-Feelgood GmbH

Ihr Stellenangebot auf Myfotojob.dd Ref. 01

Leonard Gerstner

- Fotograf für Kunst und Casual
- Professioneller Handwerkskünstler
- Kreativ mit Sinn für Ästhetik
- Lifestylejunkie und Cosplayer
- Jolela-Award für Fotografie 2018
- Arbeitsproben auf Instagram @Beispielaccount_ggg

Kontakt · Leonard Gerstner · Winkelgasse 7 · 55555 Köln
Mobil 0123 4567 · E-Mail Leo.Gerstner@ggg.dd

Bulletpoint-Cover

Weitere Muster findest du in Kapitel 5.

Lass Bilder sprechen

Ein Foto ist verzichtbar und nach dem Allgemeinen Gleichbehandlungsgesetz (AGG) ist die Anforderung eines Fotos gar nicht mehr zulässig. Internationale Unternehmen weisen häufig explizit darauf hin, dass ein Foto nicht erwünscht ist. Sie wollen den Verdacht einer Diskriminierung aufgrund von Äußerlichkeiten erst gar nicht aufkommen lassen. Wenn das der Fall ist, halte dich daran. In allen anderen Fällen verzichte nicht auf den Vorteil eines Fotos!

Denn das AGG hat völlig recht: Ein sympathisches Foto beeinflusst den Betrachter – zu deinen Gunsten. Das ist einfache Psychologie und geschieht völlig unbewusst. So wertvoll ist dein Foto!

Üblicherweise mit Foto

In Deutschland ist es noch ziemlich üblich ein Foto mitzuschicken. Streiche auf diese einfache Art und Weise gleich mal ein paar Sympathiepunkte ein!

Wohin damit?

Das Foto macht sich gut auf dem Cover. Wo genau, ist nicht so wichtig – wieder einmal kommt es auf den Gesamteindruck an. Wenn du dich gegen ein Cover entscheidest, kannst du das Foto auf dem Lebenslauf unterbringen.

Posen beim Profi

Um Missverständnissen vorzubeugen: Auf einem Bewerbungsfoto musst du nicht schön, nicht schlank, nicht sexy und nicht wie ein Superstar aussehen! Gepflegt und freundlich ist perfekt! Den Rest macht der Profifotograf! Er sorgt dafür, dass du sympathisch rüberkommst.

Schnappschuss = Abschuss

Egal, wie schön du das Foto aus dem letzten Urlaub findest oder das nette Bild, das dein Partner von dir geschossen hat – der Unterschied zum Profi wird immer deutlich! Und dein gerade noch so leicht erlangter Sympathiebonus verwandelt sich durch das unprofessionelle Foto schneller als du Korallenfingerfrosch sagen kannst, in einen Nachteil. Denn auch hier läuft der Prozess beim Betrachter unbewusst ab, diesmal zu deinen Ungunsten. Abgeschossen!

Bunt oder besser nicht?

Ob dein Foto schwarz/weiß oder besser farbig sein soll, ist erst mal eine Frage des eigenen Geschmacks. Beide Varianten haben ihren Reiz, trotzdem kann auch hier etwas schiefgehen. Deswegen lasse dich beraten. Keines von beiden ist grundsätzlich besser oder schlechter. Auf den Gesamteindruck kommt es an.

INFOBOX: FARBIG VS. SCHWARZ/WEISS

Pro Farbe: Wirkt modern, freundlich und ist ein Blickfang.

Contra Farbe: Kann bei zu grellen Farben auch aufdringlich oder unpassend wirken.

Pro schwarz/weiß: Wirkt meist edel und unverkrampft.

Contra schwarz/weiß: Kann bei ernstem Gesicht und zu vielen dunklen Anteilen im Bild (z. B. durch dunkle Kleidung) leicht aussehen wie ein Trauerbild.

Wohin mit Tattoos und sonstigem Körperschmuck?

Willst du deine Tattoos, die trotz Kleidung sichtbar sind, oder deinen Tunnel auf dem Bewerbungsfoto in Szene setzen oder lieber etwas in den Hintergrund treten lassen? Du bist unentschlossen?

Folgende Fragen können dir bei der Entscheidung helfen:

- Ist das Unternehmen bzw. die Branche, in der du dich bewirbst, eher konservativ oder modern?
- Ist der angestrebte Job eher Künstler, Handwerker oder vielleicht gänzlich ohne Kundenkontakt?
- Oder sollst du in Zukunft ältere Menschen bei Investitionen beraten? (Gerade die ältere Generation ist Tattoos gegenüber häufig nicht so aufgeschlossen!)

- Andererseits hast du irgendwann einmal die Entscheidung für deinen Körperschmuck getroffen. Dann ist die Frage vielleicht eher, ob du wirklich einen Job haben möchtest, bei dem du deine Tattoos oder Piercings verstecken musst, weil sie als unangenehm empfunden werden?

CHECKBOX NR. 4: FOTO-REVIEW

Schau dir folgende Fotos an.
Welches eignet sich am besten für eine Bewerbung?

A

B

C

Lösung hier oder in Kapitel 9.

Foto-Regel!

1. Sympathisches + professionelles Foto = Vorteil
2. Schlechtes + unprofessionelles Foto = Nachteil

→ Besser keins, als irgendeins!

DAS 15 MINUTEN-ANSCHREIBEN

Ein passendes Anschreiben lässt sich in 15 Minuten erstellen. Unmöglich? Doch, genau so einfach ist es.

Done! Kiss! Erledigt!

Das Anschreiben hat seine Wichtigkeit verloren, nachdem es Generationen von Bewerbern lange genug gequält hat. Nun ist es nur noch ein kleiner, alter Begleiter des Lebenslaufs. Und solange es noch irgendwo verlangt wird, kannst du es dir mit dem 15 Minuten Anschreiben leicht machen!

Kiss!

Kiss ist die Abkürzung für „Keep it short and simple". Kurz und einfach halten – genau die richtige Einstellung zum Anschreiben!

Form und Design

Form und Design haben ebenfalls an Strenge verloren. Die Vorschläge hier im Buch sind einfach umzusetzen und haben sich bewährt. Du kannst aber auch davon abweichen. Wichtig ist ein übersichtliches und ansprechendes Gesamtbild.

1 min.
Benjamin Mondfahrt
Immerweiterweg 1
10001 Berlin
Anschrift & Datum
12.05.2019
2 min.
An die
Flying-high-Horses AG
Frau Heide Bonholz
Zweckfeldstr. 123
10001 Berlin
Anschrift des Arbeitgebers
Topic / Betreff
1 min.
Bewerbung als Eventmanager im Außendienst / Referenznummer 1303
1 min.
Sehr geehrte Frau Bonholz,
Begrüßung
Einleitung
Replay!
1-2 Sätze
2 min.
Sie suchen einen Eventmanager für den Außendienst, der flexibel und kommunikativ ist und der die Nerven behält - auch wenn es mal sehr hektisch zugeht.
Hauptteil
Was ist dein Mehrwert?
2-3 Sätze
5 min.
Ich bin ausgebildeter Eventmanager und bringe 5 Jahre aufregende Berufserfahrung im Team von Maierlein mit. Unter anderem habe ich die Gamescon „Konichi“ auf die Beine gestellt. Ich bin sehr motiviert, in Zukunft für Ihr Unternehmen Veranstaltungen zu organisieren.
Break-up
1 Satz
1 min.
Ich freue mich über eine Einladung zu einem persönlichen Gespräch.
1 min.
Mit freundlichen Grüßen
Benjamin Mondfahrt
1 min.
Sich über das fertige Anschreiben freuen!
☺☺☺
15 Minuten!

Einleitung

Erster Satz – Hopp oder Job?

Es hält sich hartnäckig das Gerücht, dass der erste Satz ausschlaggebend sei. Aber dieser Satz entscheidet keineswegs über Hopp oder Job! Denn sonst wären Generationen von Bewerbern für immer arbeitslos geblieben mit dem legendären, grausamen ersten Satz: „Hiermit bewerbe ich mich …“

Aber bitte trotzdem nicht nachmachen!

Lass andere arbeiten

Wie gelingt ein optimaler Beginn? Die Antwort überrascht dich vielleicht: Schreibe den ersten Satz nicht selbst! Lass das deinen zukünftigen Arbeitgeber für dich erledigen. Klingt komisch – ist aber die beste Lösung!

Time to replay

Replay ist das englische Wort für Wiederholung. Du wiederholst einfach die Wünsche des Arbeitgebers aus der Jobanzeige und setzt ein „Sie suchen …“ oder ein „Sie brauchen …“ davor, je nachdem welche Wendung besser passt. Das ist für alle Beteiligten die glücklichste Lösung. Du kannst entspannt den ersten Satz abschreiben und der Arbeitgeber bekommt den höchsten Grad an Matchingwords.

> **Work smart, not hard!**
>
> Ein Filmzitat aus der TV-Serie *Dr. House*. – Perfekt auf den Punkt gebracht, finde ich.

Hauptteil

Im Hauptteil bestätigst du, dass du die gewünschten Eigenschaften aus der Replay-Einleitung hast. Oder du nennst weitere Zusatzqualifikationen und Erfolge. Auch ein Hinweis auf dein Motivationsschreiben oder deine Referenzen passt gut hierher. Zuletzt noch ein bisschen Vorfreude auf den neuen Job und – voilá – Hauptteil fertig.

Im Hauptteil glänzen!

Im Hauptteil ein bisschen glänzen und sich auf den Job freuen. Das ist auch schon alles!

Gehaltswunsch

Falls du deinen Gehaltswunsch angeben sollst, passt es optimal zwischen Hauptteil und Break-up. Gib es nur an, wenn explizit danach gefragt wird. Sonst hebe es dir fürs Interview auf.

Break-up/Ausleitung

Nun noch ein netter Satz, mit dem du dich über eine Einladung freust.

Verabschiedung

Mit freundlichen Grüßen – das passt immer.
Unterschreiben nicht vergessen!

Anlagen

Das Wort „Anlagen" kannst du reinschreiben – musst du aber nicht. Bei einer Bewerbung sollte klar sein, dass mehr dabei ist als ein Anschreiben. Wenn du es trotzdem reinschreiben möchtest, schreibe es zum Beispiel auf Höhe deiner Unterschrift und formatiere es rechtsbündig.

Motivation

Für hoch qualifizierte Fach- und Führungskräfte kann es beizeiten notwendig oder wünschenswert sein, die eigene Motivation ausführlicher rüberzubringen. In diesem Fall eignet sich eine Motivationsseite besser als das Anschreiben. Du hast dort die Möglichkeit, deine Motivation ohne formelle Zwänge und ohne Platzmangel darzustellen.

Mit Leidenschaft dabei?

Wer Spaß daran hat, kann selbstverständlich an seinen Sätzen feilen, kneten, ziehen und stauchen, solange er möchte. Auch Bewerber, die einen problematischen Lebenslauf haben und lieber ein Anschreiben statt einer Motivationsseite machen möchten, können hier den einen oder anderen klärenden Satz hinzuzufügen.

Für alle anderen bleibt es dabei:

15 Minuten sind genug!

Hinweis für Mehrschreiber

Auch wenn du gerne mehr schreiben möchtest oder es tun musst, um etwas zu erklären: Behalte Kiss im Kopf – Keep it short and simple! Und bitte strapaziere deinen potenziellen künftigen Arbeitgeber nicht mit Endlossätzen, deren Aussage am Ende gegen Null tendiert.

> So bitte nicht:
> *Meine außerordentlichen Kompetenzen und überragenden Fähigkeiten in was auch immer, erlauben mir erhebliche Mengen von Bleistiften in sagenhafter Geschwindigkeit auf das genaueste und effizienteste elektrisch zu spitzen, des Weiteren zeige ich mich unglaublich teamfähig, ausnehmend zuverlässig und bin stets von ausgesuchter Freundlichkeit, auch bin ich in der Lage eine im höchstem Maße eigenverantwortliche und unschlagbar zielgerichtete Arbeitsweise vorzuweisen …*

Heißt nichts anderes als: Ich bin nett und kann Bleistifte spitzen!

Zugegeben, dieses Beispiel ist ein wenig überspitzt – im wahrsten Sinne des Wortes. Aber immer wieder gibt es in Bewerbungen solche Monstersätze mit wenig Inhalt. Und mal ehrlich, 58 Wörter sind einfach ein bisschen viel, für einen einzigen Satz in einem Bewerbungsschreiben. Das Einfache und Normale trifft den Zeitgeist besser!

> *Das ist eines meiner Mantras gewesen – Fokus und Einfachheit.*
> Steve Jobs, aus einem Interview mit der Zeitschrift „Business Week“ 1998

Wenn ein erfolgsverwöhnter Mensch wie Steve Jobs auf Einfachheit gesetzt hat, warum sollten wir uns dann verbiegen, wie die „Ehrlich Brothers“ Eisenbahnschienen? Eben!

Beliebter Fehler

Erstaunlich viele Bewerber machen den Fehler, ausführlich darüber zu schreiben, was sie sich selbst alles wünschen. Das kommt meistens nicht so gut an. Dabei ist es nur eine Sache der Formulierung. Und schon machst du deine Wünsche zum Ziel deines zukünftigen Arbeitgebers.

Beispiele:

Ich wünsche mir eine angenehme Arbeitsatmosphäre und glaube das bei Ihnen zu bekommen. – Autsch!

Eine angenehme Arbeitsatmosphäre ist mir wichtig und durch meine ausgleichende Art trage ich viel dazu bei.

Ich glaube, diese Stelle eignet sich perfekt für mich.

Ich glaube, ich bin der perfekte Kandidat für diese Stelle.

Das ist eine schöne Herausforderung für mich.

Ich bin überzeugt davon, dass ich diese schöne Herausforderung gut meistern werde.

Abheben?

Du machst dir Sorgen, dass du dich nicht ausreichend von anderen Bewerbern abheben kannst, wenn dein Anschreiben so kurz und einfach ist?

Die Lösung: Lebenslauf, Lebenslauf, Lebenslauf!
Mit deinem Lebenslauf machst du den Unterschied.

CHECKBOX NR. 5: QUIZTIME!

Passen folgende Sätze gut in ein Anschreiben?

	Ja	Nein
Ich möchte Sie und Ihr Team gerne tatkräftig unterstützen.	☐	☐
Meiner Einschätzung nach können Sie mir eine Position nach meinen Vorstellungen bieten.	☐	☐
Hiermit bewerbe ich mich ...	☐	☐
Sie suchen eine MTA mit Berufserfahrung und Fachkenntnissen im Bereich Histologie.	☐	☐
Im Juli habe ich zwei Wochen Urlaub gebucht und hoffe, das ist kein Problem für Sie.	☐	☐

Lösung hier
oder in Kapitel 9.

HAUPTSACHE LEBENSLAUF!

Stage light on

Die Notwendigkeit, ein Anschreiben zu formulieren, richtet sich nach dem jeweiligen Bewerbungsformat und nach den Wünschen des Unternehmens, bei dem du dich bewirbst. Wenn das Anschreiben gewisse Standards erfüllt, geht es aber nur noch um den Lebenslauf. Da lohnt es sich doch, den Lebenslauf genauer zu beleuchten.

Schema – einfacher Lebenslauf

Persönliche Daten	
Vorname Nachname	
Straße Hausnummer	
PLZ Ort	
Handy- oder Festnetznummer	
E-Mail-Adresse	
Schule und Ausbildung	
Von Monat/Jahr bis Monat/Jahr	Grund- und weiterführende Schule, mit Nennung des höchsten Schulabschlusses
Von Monat/Jahr bis Monat/Jahr	Ausbildungsberuf und Betrieb, Studienrichtung und Universität
Berufstätigkeit	
Von Monat/Jahr bis Monat/Jahr	Position, Arbeitgeber, evtl. Details
Von Monat/Jahr bis Monat/Jahr	Position, Arbeitgeber, evtl. Details
Von Monat/Jahr bis Monat/Jahr	Position, Arbeitgeber, evtl. Details
...	...
Sprachen	
Sprache mit Angabe des Niveaus – z.B. Englisch: C2 / Muttersprachniveau	
Aktuelles Datum, Unterschrift	

Step-by-Step zum einfachen Lebenslauf

1. Standarddokument: alle Ränder auf ca. 2–2,5 cm Abstand einstellen (rechts, links, oben, unten).
2. Gut lesbare Schrift wählen. Schrift auf keinen Fall zu klein – auch nicht übertrieben groß. Zur Orientierung bei Arial passt eine Schriftgröße von 11 Pkt. oder 12 Pkt. ganz gut.
3. In der Kopfzeile oder oben am Blattanfang in etwas größerer Schrift als den übrigen Text das Wort „Lebenslauf" oder „Curriculum Vitae" schreiben – evtl. in Fettdruck.
4. Darunter im Dokument eine zweispaltige Tabelle einfügen. Tabellenrahmen anzeigen lassen, das hilft, in der Tabelle den Überblick zu behalten. Diesen Hilfsrahmen bitte am Ende wieder ausschalten.
5. Nun die Zeilen blockweise ausfüllen, jeweils mit Überschrift (diese evtl. in Fettdruck). Ganz wichtig: Von wann bis wann wurde welche Tätigkeit ausgeübt? Alle Stationen deiner Ausbildung und deines Berufslebens auf diese Weise eintragen.
6. Perfekt ist es, wenn alles auf eine, maximal zwei Seiten passt. Ans Ende der Tabelle setzt du das aktuelle Datum und deine Unterschrift. Bitte hier das gleiche Datum wie auf der gesamten Bewerbung verwenden.

Der einfache Lebenslauf – ein Gerüst

Ein einfacher Lebenslauf in chronologischer Form wie in unserem Schema oben, reicht im Grunde aus oder kann zumindest schon einmal das Gerüst für deine endgültige Version bieten. Wenn du das Gerüst erst einmal hast, ist es leichter, den Lebenslauf inhaltlich und designmäßig aufzuwerten.

Gut strukturiert!

Auch beim Lebenslauf bist du in Sachen Gestaltung relativ frei. Wichtig ist, dass du alle relevanten Informationen gut strukturiert vermittelst.

INFO-BOX: DAS GEHÖRT IN EINEN EINFACHEN LEBENSLAUF!

- Vorname und Nachname
- Kontaktmöglichkeiten
- Schule/Studium/berufliche Ausbildung
- Berufserfahrung
- Berufliche Erfolge
- Sprachkenntnisse, falls vorhanden

Tabellarischer Lebenslauf

Der tabellarische Lebenslauf hat sich durchgesetzt. Er hat eine gute Struktur, ist übersichtlich und leicht umzusetzen. Du kannst einen einfachen Lebenslauf mit einer Tabelle erstellen, wie oben beschrieben. Oder du kannst mit mehreren Tabellen arbeiten, wenn du Spaß daran hast, dein eigenes Layout zu entwerfen.

Überschrift

Benutze Überschriften – das macht deinen Lebenslauf übersichtlicher und interessanter.

Korrekte Rechtschreibung!

Leider musst du auch hier auf die korrekte Rechtschreibung achten.

Chronologisch oder vice versa?

Chronologisch bedeutet, den Ablauf in der richtigen zeitlichen Reihenfolge abzubilden, das heißt mit der Schulausbildung beginnen und anschließend sämtliche Stationen aufzählen.

Chronologischer Beginn:

Schule
Ausbildung/Studium
Berufstätigkeit (erste Beschäftigung nach Ausbildung/Studium)
Berufstätigkeit (darauf folgende Beschäftigung)
...

Der chronologische Lebenslauf eignet sich, wenn du bewusst nur einen einfachen Lebenslauf erstellen möchtest. Oder auch, wenn du noch nicht viel zu berichten hast. Vielleicht bist gerade erst mit der Ausbildung oder dem Studium fertig geworden? Dann fährst du mit dem chronologischen Lebenslauf gut!

„Vice versa" bedeutet in genau umgekehrter chronologischer Reihenfolge, also mit der aktuellen Position oben zu beginnen und der Reihe nach zur Schulzeit runterzubrechen.

Vice versa-Beginn:

Berufstätigkeit (derzeitige bzw. letzte Beschäftigung)
Berufstätigkeit (vorhergehende Beschäftigung)
...
Ausbildung/Studium
Schule

Die Vice versa-Reihenfolge ist dann zu favorisieren, wenn dein Lebenslauf bereits sehr viele Stationen enthält oder du zu deinen beruflichen Themen sehr ausführlich berichten möchtest. So bleibt die aktuelle Station immer oben und es ist auf einen Blick zu erkennen, wo du gerade stehst und was du gerade machst.

Vorlagen

Wenn du nur wenig Lust und Zeit hast, dich mit dem Design selbst zu befassen, kannst du im Internet nach vorgefertigten Designvorlagen suchen. Oder wähle ein Design aus deinem Textverarbeitungsprogramm. Word bietet z.B. einige attraktive Vorlagen extra für den Lebenslauf an. Auch wenn es allgemein heißt, alle Personaler kennen diese Vorlagen schon – so what – es sieht trotzdem gut aus!

Der detaillierte Lebenslauf

Ein detaillierter Lebenslauf ist ansprechender. Er hat mehr Aussagekraft und macht dich als Person greifbarer.

Beschreibe bestimmte Tätigkeiten und Erfahrungen einer Position genauer, insbesondere wenn es für die angestrebte Position wichtig ist, und hebe deine beruflichen Erfolge heraus.

Füge neben den Sprachen weitere Zusatzqualifikationen und Kenntnisse hinzu. Vielleicht auch ein Hobby, wenn du es möchtest.

INFO-BOX: DAS GEHÖRT ZUSÄTZLICH IN EINEN DETAILLIERTEN LEBENSLAUF

- Details zu Erfolgen und Besonderheiten einzelner Fachgebiete deiner Berufstätigkeit – wenn es zur Stelle passt
- Deine Mitwirkung an bestimmten Erfolgen des Unternehmens
- Nennung relevanter Fort- und Weiterbildungen
- Bei Führungskräften, insbesondere Weiterbildungen im Bereich Mitarbeiterführung und Teambuilding
- Soft Skills
- Evtl. Hinweis auf Social-Media-Plattformen und -Kanäle
- Hobbys – wenn es zur gewünschten Stelle passt und du es möchtest

Schau dir die folgenden beiden Versionen des gleichen Lebenslaufs an. Das Schema ist gleich. Welcher Lebenslauf spricht dich mehr an? Wo erfährst du mehr über den Bewerber? Was klingt interessanter?

Beispiel für einen einfachen, chronologischen Lebenslauf

Lebenslauf

Persönliche Daten

Vorname und Nachname	Benjamin Mondfahrt
Anschrift	Immerweiterweg 1, 10001 Berlin
Telefon Mobil	0123 45678
E-Mail	Benjamin.Mondfahrt@ggg.dd

Schule

09/1998 bis 8/2002	Grundschule Hackerberglein, Berlin
09/2002 bis 08/2010	Quittengymnasium, Berlin

Studium

10/2010 bis 07/2014	Biomechanik Hochschule, Berlin

Berufstätigkeit

Seit 09/2014	Ingenieur bei Zausel und Partner, Berlin
Sprachkenntnisse	Deutsch, Englisch

Berlin, 01.06.2019	Unterschrift

Beispiel für einen detaillierten, chronologischen Lebenslauf

Lebenslauf

Persönliche Daten

Vorname und Nachname	Benjamin Mondfahrt
Anschrift	Immerweiterweg 1, 10001 Berlin
Telefon Mobil	0123 45678
E-Mail	Benjamin.Mondfahrt@ggg.dd

Schule

09/1998 bis 8/2002	Grundschule Hackerberglein, Berlin
09/2002 bis 08/2010	Quittengymnasium, Berlin Abschluss: Abitur Note: 2,0
01/2008 bis 07/2008	Ausbildung zum Schulmediator, Quittengymnasium Berlin

Studium

10/2010 bis 07/2014	Biomechanik Hochschule, Berlin Abschluss: Bachelor of Engineering
Während der gesamten Studienzeit	Mitarbeit an der Studentenzeitung: Der Simpel

Nebenjobs während des Studiums

11/2010 bis 03/2011	Laboraushilfe bei Fix & Partner, Berlin
04/2011 bis 06/2013	Zuträger im Biomechanischen Institut, Berlin

Auslandsaufenthalt	
8/2014 bis 12/2014	Auslandsaufenthalt in China
Berufstätigkeit	
Seit 01/2015	Ingenieur bei Zausel und Partner, Berlin Mitarbeit an Prototyperstellungen im Bereich Präventionstechnik Entwicklung und Konstruktion des Reinigungsroboters R2D3 für Schienenstränge
Größter beruflicher Erfolg bislang	
10/2017	Patentanmeldung R2D3-Konstrukt Patentnummer ABC/1234567
07/2018	Innovationspreis erhalten, verliehen durch die deutsche DXXL-Vereinigung für die erfolgreiche Entwicklung des R2D3
Ehrenamtliche Tätigkeit	
Seit 07/2017	Obdachlosenhilfe Kreisel, Essenausgabe, Berlin
Sprachkenntnisse	Deutsch: C2 – Muttersprache Englisch: C1 – verhandlungssicher Italienisch: A1 – Basiskenntnisse

Berlin, 01.06.2019
Benjamin Mondfahrt

Der detaillierte Lebenslauf ist ansprechender! Du erfährst mehr über die Person und das stellt schon eine gewisse Beziehung her. Der Personaler weiß gleich, wenn er deinen Namen hört: Hey, das war doch der mit der Patentanmeldung!

Details machen deinen Lebenslauf lebendig. Und was ist mit:

Geburtsdatum

Nicht relevant! Du kannst es reinschreiben, musst es aber nicht. Lass es raus, wenn du fürchtest aufgrund deines Alters diskriminiert zu werden. Es besteht keine Pflicht, diese Angabe in der Bewerbung zu machen.

Nationalität

Nicht relevant! Hier ist es wie mit dem Alter, es bestehen keine Pflicht und auch kein Grund, diese Angabe zu machen. Die Sprachen, die du sprichst, gibst du gesondert an.

Familienstand

Nicht relevant! Das kannst du machen, wie du möchtest. Lass es weg, wenn du befürchtest, deswegen bei der Jobvergabe in irgendeiner Form benachteiligt zu werden. Gib es an, wenn du dir einen Vorteil davon versprichst.

Kinder

Nicht relevant! Wenn du deine Kinder angeben möchtest, weise darauf hin, dass die Betreuung gesichert ist. Insbesondere Frauen sollten auf diesen Hinweis nicht verzichten. Obwohl inzwischen auch immer mehr Väter zu Hause bleiben, wenn das Kind krank ist, betrifft die Angst vieler Arbeitgeber vor Ausfallzeiten vorrangig die Mütter.

Religionszugehörigkeit

Nicht relevant! Außer gegebenenfalls in sogenannten Tendenzbetrieben, zum Beispiel Kirchen. Ob allerdings Kirchen in Zukunft auch Religionszugehörigkeit zur Voraussetzung für jede Stelle machen können, bleibt abzuwarten. Erste Gerichtsurteile deuten hier auf einen Paradigmenwechsel hin.

Beruf der Eltern

Nicht relevant! Früher wollte man daraus Rückschlüsse auf die Zuverlässigkeit des Bewerbers ziehen. Heute schreibt man so etwas gar nicht mehr rein. Schließlich bist du nicht für die Berufswahl deiner Eltern verantwortlich.

Geschwister

Nicht relevant! Wie viele Geschwister du hast, ist vermutlich kein Geheimnis, aber auch nicht entscheidend für deinen Job. Falls du dich in einem Bereich bewirbst, in dem du es zu deinem Vorteil nutzen kannst, schreibe es rein, zum Beispiel bei einer Bewerbung als Erzieher kann es nützlich sein, Geschwister anzugeben. Dann ziehst du diese Karte natürlich.

Grundschule/Volksschule

Die Zeit in der Grundschule muss nicht unbedingt extra aufgeführt werden. Du kannst sie auch mit der weiterführenden Schule zusammenziehen oder ganz rauslassen. Insbesondere wenn du Probleme mit dem Platz bekommst und über die empfohlenen zwei Seiten hinausrutscht, lasse die Grundschulzeit ruhigen Gewissens weg.

> **Verzichtbare Infos!**
>
> Eltern, Geschwister und die Religionszugehörigkeit haben ihren Platz im Lebenslauf schon lange verloren. Spar dir Platz und Zeit dafür. Es sei denn, es bringt dir einen Vorteil!

→ *In Kapitel 5 findest du weitere Beispiele zu Inhalt und Design.*

MOTIVATIONSSEITE

Eine Motivationsseite ist nicht notwendig für eine Bewerbung. Sie wird auch Extraseite und in der Vergangenheit etwas sperriger „Dritte Seite“ genannt. Es ist der Vorteil der Motivationsseite, dass es keinerlei formale Anforderungen gibt.

Aber: Nicht zu verwechseln mit der Motivationsseite bei der Studienplatzbewerbung, hier gibt die Hochschule meist konkrete Vorgaben.

Bei der beruflichen Motivationsseite bist du inhaltlich und gestalterisch frei. Das macht es einfacher die eigene Motivation herauszuarbeiten, anstatt das auch noch in deinem Anschreiben mitunterzubringen.

Bei der Motivationsseite kannst du mit Inhalt und Form spielen, wenn du Spaß daran hast. Sonst reicht es auch, deinen Text in Fließtext runterzuschreiben.

In manchen Fällen ist eine Motivationsseite besonders sinnvoll oder hilfreich:

1. Es gibt Unternehmen, die sich insbesondere von Fach- und Führungskräften eine solche Seite zur Bewerbung wünschen. Gerade in wissenschaftlichen oder technischen Entwicklungsbereichen macht es Sinn, deine Motivation kennenzulernen.
2. Du strebst in deinem Beruf bestimmte Ziele an, die du unbedingt verwirklichen möchtest. Dann kannst du mit einem Motivationsschreiben deutlich machen, in welche Richtung du in Zukunft gehen möchtest.
3. Du willst ganz aus deinem bisherigen Beruf raus und dich als Quereinsteiger in einem völlig anderen Bereich bewerben. In einem Motivationsschreiben kannst du deine Eignung für den neuen Bereich sehr gut darlegen.
4. Du hast einen schwierigen Lebenslauf. Dann besteht mit einem Motivationsschreiben die Chance, dein Image ein bisschen aufzupolieren.

Was ist dein Grund?

Grund 1:
Der zukünftige Arbeitgeber wünscht sich ein Motivationsschreiben.

Du weißt, was im Job verlangt wird, darauf stimmst du deine Motivationsseite ab. Wie kann das aussehen?

Motivationsschreiben von Quentin Hintermeier

Warum sollte die Thingamagic-Company mich unbedingt persönlich kennenlernen?

- Voller Einsatz!

Ich bin erfahren in der Projektarbeit und weiß genau, worauf es ankommt – in jeder Phase der Abwicklung.

- Führungsqualität!

Mein Motto: Alle ziehen an einem Strang! Ich verstehe es, mein Team in jeder Hinsicht zu führen und zu motivieren.

- Höchste Flexibilität!

In Phasen der Projektdurchführung bin ich jederzeit einsatzbereit und flexibel genug, um Einsatzbesprechungen auch in Ihren Niederlassungen in Frankreich und Belgien durchzuführen.

- Große Eigeninitiative!

Ich bringe große Eigeninitiative und starkes Engagement für meinen Arbeitsbereich und das Unternehmen insgesamt mit.

- Verantwortungsbewusstsein!

In puncto Verantwortungsbewusstsein können Sie jederzeit auf mich zählen. Ich habe bereits zwei Projekte in kritischen Phasen übernommen und zum Erfolg geleitet.

- Unternehmerisches Handeln!

Unternehmerisches Denken und Handeln liegen mir! Lange Zeit war ich als Freiberufler tätig und weiß somit genau, ab welchem Punkt ein Projekt Gewinn macht und welche Maßnahmen zu ergreifen sind, um das Projekt dorthin zu bringen.

- Was kann ich für Ihr Unternehmen leisten?

1. Genaue Analyse durch Marktforschung und Auswertung der internen Mitarbeiter-Reviews
2. Imagegewinn durch Entwicklung eines jungen Designs
3. Neuaufbau des technischen Bereichs mithilfe des maschinengesteuerten Verfahrenseinstiegs
4. Sukzessive Umstellung auf erneuerbare Energien

Ergebnis:

Meine Kompetenzen – Ihr Gewinn!

Grund 2: Du willst deiner Arbeit in Zukunft eine bestimmte Richtung geben und möchtest sichergehen, dass der Arbeitgeber das unterstützen wird.

Beschreibe, was der Arbeitgeber davon hat, wenn du in seinem Unternehmen deinen Weg einschlagen kannst.

Motivationsseite von Lars Richter

Ein „Wir" verbindet!

Was haben die Nice-Klebe GmbH und ich schon jetzt gemeinsam?

- Wir sind innovativ und zukunftsorientiert.
- Wir verlangen immer höchsten Einsatz von uns.
- Wir sind nicht mit dem zweitbesten Ergebnis zufrieden.
- Wir legen größten Wert auf Umweltschutz.

Mein zukünftiges Engagement möchte ich ganz auf die Verbesserung der AlphaBeta-Klebstoffstärke mit Naturprodukten ausrichten.

Bei meiner bisherigen Tätigkeit in der Spacekorn AG konnte ich meine Kompetenz und Entwicklungsfreude in dieser Hinsicht bereits beweisen. Nun möchte ich noch weitergehen und dabei helfen, ein marktreifes Produkt zu entwickeln.

Gemeinsam Richtung Zukunft denken!

Grund 3: Du möchtest als Quereinsteiger etwas ganz anderes machen.

Überzeuge den Arbeitgeber in deinem Motivationsschreiben davon, dass du die Fähigkeiten, den Willen und die Möglichkeiten dazu hast.

> ***Motivationsseite von Sarah Klein für die Immer-Ungewöhnlich AG***
>
> Bin ich den Anforderungen einer Logistik-Fachassistentin gewachsen?
>
> Ein klares „Ja“!
>
> Disponieren, Planen, Abstimmen und Optimieren ist genau das, wofür ich brenne. Diese Leidenschaft bringe ich mit und möchte Ihr Team in jeder Hinsicht tatkräftig unterstützen.
>
> Warum bin ich geeignet für diese Stelle?
>
> - großes Organisationstalent
> - leidenschaftlich bei der Sache
> - sehr schnelle Auffassungsgabe
> - gute autodidaktische Fähigkeiten
> - Generation Lebenslanges Lernen
> - große Weiterbildungsbereitschaft
> - absolute Zuverlässigkeit
>
> Ich traue mir das zu! Und Sie? Haben Sie noch Zweifel?
>
> Dann lassen Sie mich bei einem Probearbeitstag beweisen, dass ich die richtige Frau für diesen Job bin!

Grund 4: Dein Lebenslauf ist nicht optimal? Du kannst keine überzeugenden Zeugnisse oder Referenzen vorweisen und auch die Dauer deiner Beschäftigungsverhältnisse lässt nicht auf deine Beständigkeit schließen?

Ungewöhnliche Situationen erfordern ungewöhnliche Lösungen. Versuche es mit einer ungewöhnlichen Motivationsseite!

„Für den ersten Eindruck gibt es keine zweite Chance!"

Und das trifft bei einer Bewerbung sicher noch mehr zu, als bei allen anderen Gelegenheiten.

Aber manchmal täuscht der erste Eindruck!

Wenn du dich weigerst, für deine Niederlagen die Verantwortung zu tragen, wirst du auch nicht für deine Siege verantwortlich sein.

Antoine de Saint-Exupéry

Für meine Niederlagen habe ich die Verantwortung getragen.

Jetzt will ich die Segel auf Sieg setzen!

Ich bin sehr motiviert und bringe viel Engagement und Energie mit, um in Ihrem Unternehmen tatkräftig mitzuarbeiten.

Alles was ich dazu brauche ist: Eine zweite Chance!

Fehlt noch etwas?

Die genannten Gründe treffen alle nicht auf dich zu, aber du hast irgendwie das Gefühl, es ist noch nicht alles gesagt. Du findest, es fehlt noch etwas in deinem 15 Minuten-Anschreiben und deinem detaillierten Lebenslauf?

Dann ist jetzt der Zeitpunkt, deinen Lebenslauf noch einmal genau zu prüfen:

- Findest du etwas holprig oder unklar in deinem Text? – Dann nehme dir die Stelle noch mal vor und schreibe sie um.
- Ist dein Lebenslauf nicht detailliert genug? – Arbeite deinen Text genauer aus, bringe mehr Details rein.
- Kommen deine Erfolge nicht richtig zur Geltung? – Sieh dir deine Formulierungen dazu an. Stelle klar, was erfolgreich verlaufen ist und scheue dich nicht, die Wörter „Erfolg" oder „erfolgreich" zu benutzen!
- Fehlen wichtige Kompetenzen oder Schlüsselqualifikationen? – Ergänze deinen Lebenslauf entsprechend, vielleicht brauchst du dann gar keine Motivationsseite mehr.

Geht noch was?

Gibt es **wirklich** zusätzlich noch etwas zu sagen? Dann mach dich daran, eine Motivationsseite zu erstellen!

→ *Weitere Muster findest du in Kapitel 5.*

ZEUGNISSE

Deine Zeugnisse und Nachweise sprechen für dich, setze sie wirkungsvoll ein!

Je nachdem, welche Zeugnisse und Nachweise du hast, kannst du sie einteilen in die Must-haves und die freiwilligen Nachweise.

Must-have

- Ausbildungszeugnis oder Gesellenbrief etc.
- Nachweis über Hochschulabschluss
- Alle Arbeitszeugnisse
- Zwischenzeugnis des aktuellen Arbeitgebers

Freiwillige Nachweise

- Persönliche Referenzschreiben
- Referenzen, allgemein
- Praktikumszeugnisse
- Teilnahmebestätigungen
- Weiterbildungsbescheinigungen
- Urkunden

etc.

Aber keine Regel ohne Life-Hacks!

1. Zu viele Zeugnisse?

- Du hast um die zehn oder sogar mehr Arbeitszeugnisse? Hänge einfach nur die letzten fünf Zeugnisse an deine Bewerbungsdatei.
- Es müssen aber die letzten fünf sein – nicht fünf ausgewählte! Sonst werden Personaler misstrauisch.

Nimm in deinem Anschreiben oder Lebenslauf einen kurzen Hinweis dazu auf:

„Um den Rahmen nicht zu sprengen, füge ich die letzten fünf Zeugnisse an. Alle weiteren Zeugnisse kann ich auf Wunsch gerne zum Gespräch mitbringen."

> ***Zeugnis-Datei***
>
> Oder du machst extra eine Datei nur für deine Zeugnisse. Die aktuellsten Zeugnisse sollen beim Öffnen der Datei zuerst erscheinen.

2. Freiwillige Nachweise

- Von den freiwilligen Nachweisen hast du auch zu viele? Nimm nur die, die für den Job relevant sind.
- Nimm nur die besten! Diese Nachweise sind freiwillig. Daher brauchst du nicht die letzten fünf nehmen, du kannst auswählen, welche Nachweise dich gut aussehen lassen.
- Sende überhaupt keine freiwilligen Nachweise mit, auf denen du in irgendeiner Form schlecht abschneidest, auch wenn sie für den Job relevant wären. Im Eifer des Bewerbungsmarathons passiert es schon mal, dass ein ungünstiger Nachweis reingenommen wird. Achte genau darauf, was dir einen Vorteil bringt und was nicht!
- Freiwillige Nachweise kommen in der Regel erst nach den Arbeitszeugnissen in der Datei oder du sortierst sie dazwischen zeitlich richtig ein. Das geht aber nur, wenn es nicht zu viele sind. Wichtig ist, dass die guten und relevanten Zeugnisse zur Geltung kommen und nicht in unwichtigen Nachweisen untergehen.

- Sortiere persönliche Referenzen, die deine gute Reputation stützen, auf jeden Fall vor den anderen freiwilligen Nachweisen ein.
- Ein besonders herausragendes persönliches Referenzschreiben kannst du auch – ungeachtet der üblicherweise geltenden Reihenfolge – direkt hinter deinem Lebenslauf bzw. Motivationsschreiben einsortieren.

Qualität vor Quantität!

Nimm nur die besten freiwilligen Nachweise zu deiner Bewerbung!

3. Schulzeugnisse

Musst du Schulzeugnisse beilegen? Nein, das spielt keine Rolle mehr! Auch das letzte Schulzeugnis hat ausgedient, sobald du ein Abschlusszeugnis vorweisen kannst.

4. Zwischenzeugnis

Wenn du dich aus einem noch bestehenden Arbeitsverhältnis für einen anderen Job bewerben möchtest, ist ein gutes Zwischenzeugnis ungemein wertvoll. Es ist aktueller als alle anderen und von einem Arbeitgeber ausgestellt, der dich vermutlich gerne weiterbeschäftigen möchte. Als potenzieller neuer Arbeitgeber kann man davon ausgehen, dass es sich nicht um ein Gefälligkeitszeugnis handelt.

Du kannst jederzeit ein Zwischenzeugnis von deinem aktuellen Arbeitgeber verlangen. Allerdings wird dein Arbeitgeber vermuten, dass du dich woanders bewerben willst. Das musst du abwägen.

Völlig legitim und unauffällig ist es, um ein Zwischenzeugnis zu bitten, wenn sich in deiner Firma etwas Grundlegendes ändert, zum Beispiel:

- Zusammenschluss deines Unternehmens mit einem anderen
- Umstrukturierungen in der gesamten Firma oder in deiner Abteilung
- Wechsel der Firmenleitung oder des Inhabers
- Wechsel deines direkten Vorgesetzten
- Du selbst wechselst innerhalb des Unternehmens auf eine andere Position oder übernimmst einen neuen Verantwortungsbereich.

In allen diesen Fällen ist es nicht ungewöhnlich, um ein Zwischenzeugnis zu bitten.

Das Zwischenzeugnis deines aktuellen Arbeitgebers gehört in der Reihenfolge direkt hinter deinen Lebenslauf.

Zwischenzeugnis auf Vorrat!

Bei grundlegenden Veränderungen in deinem Unternehmen solltest du um ein Zwischenzeugnis bitten, auch wenn du aktuell nicht vorhast, dich anderweitig zu bewerben. Wenn dir die neue Situation dann nicht gefällt, hast du das Zwischenzeugnis für eine Bewerbung auf jeden Fall schon in der Tasche.

CHECKBOX NR. 6: ZEUGNIS-ROULETTE

Gesucht wird 1 KFZ-Mechatroniker (m/w/d)

Es soll ein Geselle mit einschlägiger Berufserfahrung sein. Welche Nachweise soll er zur Bewerbung nehmen?

	Ja	Nein
Letztes Schulzeugnis	☐	☐
Berufsschulzeugnis	☐	☐
Alle Arbeitszeugnisse	☐	☐
Die fünf besten Arbeitszeugnisse	☐	☐
Gesellenbrief	☐	☐
Gesellenzeugnis	☐	☐
Urkunde Schwimmverein, 1. Platz im 400m Schnellschwimmen	☐	☐
Gute Referenz des ehemaligen Vorgesetzten	☐	☐
Weiterbildungskurs Englisch (mit schlechten Noten, aber immerhin bestanden)	☐	☐

*Lösung hier
oder in Kapitel 9.*

FORMULIERUNGEN ZUM ÜBERNEHMEN

1. Formulierungen für das Anschreiben

Beispiele: Begrüßung

Bis vor kurzem war bei Bewerbungen nur das altbekannte „Sehr geehrte/r …“ Standard. Das hat sich auch gelockert. Wenn du etwas anderes schreiben möchtest, überlege eine Formulierung, die zum Unternehmen bzw. zu deinem Ansprechpartner passt.

Name des Ansprechpartners bekannt – das geht immer:
- Sehr geehrte Frau Mayerling,
- Sehr geehrter Herr Müllerer,
- Guten Tag Frau Musterring,
- Guten Tag Herr Mondbaum,

Grüß Gott… – nur in Bayern ☺

Name des Ansprechpartners unbekannt – das geht immer:
Sehr geehrte Damen und Herren,

Frage: Geht auch „Liebe Frau/Lieber Herr …“?
Antwort: Ja, wenn du die Person kennst und weißt, dass es passend ist oder wenn das Unternehmen dich zuerst so angeschrieben hat.

Frage: Geht auch „Hallo Frau/Herr …“?
Antwort: Unter Umständen, eventuell, vielleicht … So einfach ist es nicht. Es ist für eine Bewerbung schon sehr salopp. Wenn es sich um ein sehr junges, innovatives Unternehmen handelt, und du den Umgangston dort kennst, dann – vielleicht. Einigen wir uns darauf!

Frage: Geht auch „Verehrte Frau/Verehrter Herr …“?
Antwort: Nein, verehrte Frau/verehrter Herr – das passt in diesem Jahrhundert nicht mehr wirklich in eine Bewerbung.

Beispiele: Topic

Eine genaue Bezeichnung im Topic ist wichtig, damit deine Bewerbung gleich beim richtigen Ansprechpartner landet. Wenn konkrete Referenznummern vorhanden sind: Bitte verwenden!

- Bewerbung als Medienkaufmann, Ihre Referenznummer 1101
- Bewerbung um eine Stelle als Kauffrau für Bürokommunikation, Ihr Stellenangebot auf Bürominator.dd
- Referenzcode 2606 – Bewerbung als SAP Consultant (m/w/d)
- Bewerbung als Bauzeichnerin – Stellenangebot 0801 bei MyFly.dd
- Bewerbung als Augenoptiker (m/w/d) – Ihr Stellenangebot bei MyGlasses.dd
- Bewerbung als Sales Manager – Referenzcode 871
- Initiativbewerbung um eine Stelle als Feinmechaniker

Bitte nicht so:

„Hallo, hier ist Ihr neuer abenteuerlustiger, kompetenter und weitgereister Reiseverkehrskaufmann, auf großer Fahrt in Ihr nettes Team!"

Topic-Rule!

Der Betreff ist keine Pickup-Line für ein Flirtprofil, sondern ein Zuordnungsmerkmal.

Beispiele: Einleitung

Replay-Einleitung

Die Replay-Einleitung wird auf den Text in der Jobanzeige abgestimmt, zum Beispiel:

- Sie suchen einen berufserfahrenen Medienkaufmann mit Schwerpunkt Lizenzen und Vertrieb.
- Sie suchen eine kommunikative und dienstleistungsorientierte Kauffrau für Bürokommunikation für Ihr Maklerbüro in Berlin.

- Sie brauchen einen motivierten und erfahrenen SAP Consultant für Ihr erfolgreiches Team.
- Sie suchen ab sofort eine technisch versierte Bauzeichnerin für die Mitwirkung an einem großen Stadtplanungskonzept.
- Sie suchen für Ihren Standort in Frankfurt einen Filialleiter, der im Handel zu Hause ist und sich nicht scheut, neue Marketingstrategien zu verfolgen.
- Sie suchen einen Manager Business Insights für die Abteilung Customer Growth, der ein abgeschlossenes Studium im Bereich Wirtschaftswissenschaften hat und eine strukturierte Arbeitsweise verbunden mit hoher Einsatzbereitschaft mitbringt.
- Sie brauchen zur Verstärkung Ihres Teams einen versierten Feinmechaniker mit Erfahrung in Galvanisierungstechnik.

Die Replay-Einleitung funktioniert genauso bei privaten Jobvermittlern und Zeitarbeitsfirmen:

- Sie suchen für einen großen Kunden im Raum München einen Sicherheitsmitarbeiter mit einwandfreiem Führungszeugnis und Erfahrung in diesem Bereich.
- Sie brauchen eine motivierte Web-Designerin für einen Kunden aus dem Raum Bochum.
- Sie suchen für Ihren Kunden eine kompetente und fokussierte Marketingassistentin mit Erfahrung im Bereich Online-Marketing.
- Sie suchen für einen international tätigen Kunden einen Teamleader Engeneering mit einem abgeschlossenen technischen Studium im Bereich Automotive. Sie brauchen jemanden, der eine ausgeprägte Problemlösungskompetenz und Durchsetzungsvermögen mitbringt.

Auch wenn ein Recruiter auf dich aufmerksam geworden ist und dich um eine Bewerbung bittet, kannst du die Replay-Einleitung verwenden. Du nimmst einfach die Anforderungen, die er dir genannt hat, zum Beispiel:

- Sie suchen einen Prozessingenieur mit Berufserfahrung und guten Kenntnissen im Bereich des Halbleiterverfahrens.

> **Nimm zwei!**
> Wenn in einem Stellenangebot sehr viele Eigenschaften an den Bewerber gestellt werden, suche dir für die Replay-Einleitung die zwei wichtigsten Punkte heraus.

Initiativ-Einleitung

Bei Initiativbewerbungen hast du keinen vorgegebenen Text, den du nutzen kannst. Aber auch hier reicht ein kleiner Aufhänger zum Reinkommen.

Gut eignet sich beispielsweise, wie du auf die Firma gekommen bist:

- Ihr Unternehmen ist mir ein Begriff. Ich bin quasi mit Ihrem Markennamen aufgewachsen und verbinde damit viel Positives.
- Ihr Unternehmen kenne ich durch die coole und offensichtlich sehr wirksame Werbung „Rocko, was klingelt da …".
- Ich bin durch eine Empfehlung von Frau Julia Igros auf Ihre Firma aufmerksam geworden.
- Durch Ihre Website bin ich auf Ihr Unternehmen aufmerksam geworden.

Beispiele: Hauptteil

Worum geht's? Zwei bis drei nette klare Sätze reichen aus, um deinen Mehrwert für das Unternehmen zu demonstrieren.

Vermeide den gravierenden Fehler, an dieser Stelle nun aufzuzählen, was du dir alles wünscht. Der Arbeitgeber möchte zuerst einmal wissen, was er davon hat, sich ausgerechnet für dich zu entscheiden und dich einzustellen. Was bringst du dem Unternehmen ein?

Folgende Vorschläge musst du nur noch auf dich und die Anforderungen in deinem Beruf anpassen. Du kannst die Formulierungen auch untereinander austauschen – je nachdem, was besser zu deiner Bewerbung passt:

- Mit meiner freundlichen und verbindlichen Art komme ich bei den Kunden sehr gut an. Ich konnte bereits erste Erfahrungen mit der Vermittlung von Immobilien in der Baudichschlau AG sammeln.

- Durch meine 10-jährige Tätigkeit in der Abrechnungsabteilung der Wolleunterwegs GmbH besitze ich einschlägige Erfahrungen im Bereich Accounting Management. Gerne möchte ich Ihr Team auf dem Weg zu weiteren Erfolgen tatkräftig unterstützen.
- Zuverlässigkeit steht bei mir an erster Stelle, meine Referenzen bestätigen das. Ich bringe vier Jahre Berufserfahrung in ähnlicher Position mit, so dass ich die Abläufe sehr gut kenne. Und – ich kann sofort bei Ihnen loslegen!
- Durch meine langjährige selbstständige Tätigkeit bin ich eigenständiges Arbeiten gewohnt. Im Umgang mit den Patienten kommt mir mein Verantwortungsbewusstsein zugute. Nicht nur mit meiner fachlichen Qualifikation, sondern auch mit meiner serviceorientierten Art möchte ich mich voll in Ihrer Praxis einbringen.
- Ich habe einen Bachelor Abschluss of Arts. Meine besonderen Stärken liegen in der Konzeption und Umsetzung grafischer Themen. Ich möchte Sie in Zukunft gerne bei der Gestaltung Ihrer Projekte unterstützen.
- Mit meiner langjährigen Erfahrung als Area Manager bei der Input AG und mit meiner durch Referenzen bestätigten Führungsqualität erfülle ich Ihre Anforderungen optimal. Werfen Sie einen Blick auf meine Motivationsseite und beachten Sie meine Referenzen.
- Ich habe BWL mit Schwerpunkt Marketing und Vertrieb studiert. In der Comfort-Cool AG konnte ich bereits vier erfolgreiche Jahre Berufserfahrung sammeln und meine Kommunikationsfähigkeit sowie mein emphatisches Wesen nutzen, um einen umfangreichen Kundenstamm aufzubauen und zu erhalten. Jetzt möchte ich meine Fähigkeiten gerne für Ihr Unternehmen einsetzen.

Beispiele: Hauptteil mit schwierigem Lebenslauf

Folgende Sätze kannst du an die vorhergehenden Beispiele für den Hauptteil angliedern, nachdem du sie an deine Situation angepasst hast. Du kannst die Formulierungen wieder untereinander austauschen – je nachdem, wie du es besser gebrauchen kannst:

- In den letzten zwei Jahren musste ich aus familiären Gründen beruflich kürzer treten. Jetzt möchte ich wieder richtig durchstarten.
- Aus privaten Gründen ist mein Lebenslauf nicht lückenlos. Aber ich

konnte alle Schwierigkeiten aus dem Weg räumen und stehe jetzt wieder zu 100 Prozent zur Verfügung.

- Durch eine längere Phase der beruflichen Neuorientierung liest sich mein Lebenslauf nicht optimal, aber meine Motivation, etwas zu bewegen, ist dafür umso größer.
- Da ich bei der Pflege eines Familienmitglieds eingebunden war, konnte ich meine Karriere nicht so vorantreiben, wie ich es mir vorgestellt habe. Dafür komme ich jetzt mit viel Engagement und einer große Motivation zurück ins Berufsleben.
- Durch eine schwierige Lebenslage war ich gezwungen, meine beruflichen Ziele vorübergehend auf Eis zu legen. Jetzt kann ich meine ganze Kraft und Aufmerksamkeit wieder in eine neue Herausforderung stecken.

Arbeitspause!

Du musst diese Gründe im Gespräch nicht näher ausführen. Niemand darf dich bedrängen, deine privaten Gründe für eine Arbeitspause detailliert auf den Tisch zu legen.

Beispiele: Ausleitung/Break-up

Am Ende reichen ein paar nette Worte, die das Interesse noch einmal unterstreichen und zur Verabschiedung überleiten.

- Ich freue mich über eine Einladung zu einem persönlichen Gespräch.
- Gerne kläre ich offene Fragen bei einem persönlichen Gespräch.
- Bei Interesse freue ich mich auf ein persönliches Gespräch.
- Bei einem persönlichen Gespräch beantworte ich Ihnen gerne weitere Fragen.
- Ich komme gerne für ein persönliches Gespräch zu Ihnen und freue mich auf eine Einladung.
- Ich freue mich auf ein Vorstellungsgespräch bei Ihnen.
- Ich freue mich auf ein persönliches Gespräch.
- Sind noch Fragen offen geblieben? Dann freue ich mich darauf, diese bei einem persönlichen Gespräch zu beantworten.
- Ich freue mich auf Ihre Rückmeldung.

Beispiele: Abschiedsgruß

Bei der Verabschiedung ist keine Kreativität gefragt. Hier sollte die Wahl meist auf die gängigste Formulierung fallen:

- Mit freundlichen Grüßen – beste Wahl für Bewerbungen – klassisch, damit liegst du immer richtig!
- Mit besten Grüßen – auch möglich und förmlich genug.
- Freundliche Grüße – eher nicht! Wirkt kurz angebunden, als ob du dir keine Zeit für die Bewerbung nehmen willst.
- Viele Grüße – nur, wenn du den Umgangston im Unternehmen bereits kennst und einschätzen kannst, ob es passt.
- Liebe Grüße – eher nur, wenn du vom Unternehmen zuerst so angeschrieben wirst.

2. Formulierungen für den Lebenslauf

Im Lebenslauf wird hauptsächlich mit Daten und Stichpunkten gearbeitet. Kurze prägnante Halbsätze helfen dir, deine Erfolge und Kompetenzen detaillierter hervorzuheben, ohne Platz zu verschwenden.

Beispiele: Detailliertere Informationen

- Alleinverantwortlich für gesamten Zahlungsverkehr
- Erarbeitung Organisationsplan für Mitarbeiter-Onboarding
- Vertretung des Abteilungsleiters/Teamleiters
- Einführung Gesundheitsmanagement im Unternehmen
- Zuständig für Einkauf und Logistik
- Alleinverantwortlich für die Budgetplanung
- Hauptverantwortlich für Patientenbetreuung Radiologie
- Verantwortlich für Beratung und Betreuung von Angehörigen
- Planung und Umsetzung eines Ruhegartens für Wohnanlagen
- Implementierung AB-Programm im Unternehmen
- Digitalisierungsmanagement aufgebaut und geleitet
- Eigenes Zeiterfassungs-Tool „Flying-Work“ programmiert
- Branchenspezifische Softwareumstellung durchgeführt

- Ausgebildet in Färbetechniken Bayalage und Foilyage
- Auszeichnung der Friseur-Innung für besondere Leistungen
- Besondere Kenntnisse im Bereich der Schaltplanerstellung
- Urlaubs- und Krankheitsvertretung des Kreisbezirksleiters
- Verantwortlich für die Werkzeuginstandhaltung
- Mitarbeit an Prototyperstellung „Greenige-Umwelt-Auto"
- Organisation von Ausstellungen in Alleinverantwortung
- First-Class-Award für experimentelle Fotografie erhalten
- Auszeichnung für bestes Umweltprojekt bei „Wild Gardens"
- Verantwortlich für die unternehmensweite Einführung von Personalentwicklungskonzepten
- Führung eines 35-köpfigen Teams
- Verantwortlich für die Zielerreichung und Qualitätssicherung in der Abteilung XY
- Zuständig für die gesamte operative und strategische Entwicklung des Standorts

Beispiele: Sprachen

Für die Einschätzung deiner Sprachkenntnisse brauchst du eine Unterteilung. In Anlehnung an den Europäischen Referenzrahmen für Sprachen kannst du folgende Einteilung vornehmen:

A1 – Basiskenntnisse
A2 – gute Basiskenntnisse
B1 – gute Allgemeinkenntnisse
B2 – sehr gute Kenntnisse
C1 – verhandlungssicher
C2 – Muttersprachniveau

Nur Basiskenntnisse?

Gib auch an, wenn du „nur" Basiskenntnisse in einer Sprache hast. Das kann wertvoll sein!

Let's shine!

Sparsam eingetaktet, entfalten positive Eigenschaften in der Bewerbung eine glänzende Wirkung. Verwende diese Adjektive im Hauptteil des Anschreibens oder auch im Lebenslauf bei „Soft Skills". Es passt auch für die Detailbeschreibungen, wenn du noch etwas einstreuen möchtest. Suche Eigenschaften aus, die wirklich zu dir passen und voraussichtlich gut beim zukünftigen Arbeitgeber ankommen.

Adjektive für Bewerber

aktiv
analytisch
anpassungsfähig
begeisterungsfähig
belastbar
charismatisch
diskret
diszipliniert
durchsetzungsfähig
dynamisch
ehrgeizig
ehrlich
emphatisch
engagiert
entscheidungsfreudig
erfahren
freundlich
flexibel
geduldig
gewissenhaft
hilfsbereit
initiativ
kollegial
kommunikativ
konfliktfähig
kontaktfreudig
kreativ
kritikfähig
leistungsorientiert
lernbereit
loyal
methodisch
motiviert
offen
optimistisch
praktisch veranlagt
präzise
professionell
realistisch
redegewandt
reflektiert
selbstständig
serviceorientiert
sorgfältig
souverän
spontan
stressresistent
strukturiert
teamfähig
technikaffin
unternehmerisch denkend
verbindlich
verhandlungskompetent
verhandlungsstark
vertrauenswürdig
verantwortungsbewusst
vielseitig
zielgerichtet
zupackend
zuverlässig

Verstärker

absolut	besonders	sehr
ausgesprochen	höchst	total
außergewöhnlich	extrem	überaus
außerordentlich	in hohem Maße	überdurchschnittlich
äußerst	in höchstem Maße	unglaublich

Jedoch solltest du diese Verstärker noch sparsamer verwenden als Adjektive.

CHECKBOX NR. 7: RICHTIG ODER FALSCH?

	Ja	Nein
Je mehr Adjektive im Anschreiben, desto besser!	☐	☐
Sätze im Anschreiben dürfen mit „Ich" beginnen!	☐	☐
Lange Sätze kommen besser an als kurze.	☐	☐
Die Motivationsseite muss nach DIN 5008 formatiert werden.	☐	☐

Lösung hier
oder in Kapitel 9.

CHECK UND FERTIG!

Noch ein letzter Check und schon ist die Bewerbung fertig!

Checkliste zum Abhaken

- Stimmen die Absenderangaben? – Prüfen! ☐
- Irgendwo vertippt? – Korrigieren! ☐
- Sind die Empfängerdaten richtig? – Noch einmal genau vergleichen! ☐
- Hat das Anschreiben das gleiche Datum wie der Lebenslauf? – Sonst anpassen! ☐
- Stimmt die E-Mail-Adresse? – Noch einmal checken! ☐
- Sind alle relevanten Zeugnisse und Nachweise dabei? ☐
- Alle Rechtschreibfehler gefunden? – Rechtschreibung mit der SOS-Formel prüfen:

  Self: Selbst Korrekturlesen! ☐

  Online Spelling Checker: Rechtschreibprogramm drüber laufen lassen! ☐

  Someone: Jemand anderen Korrektur lesen lassen! ☐

Alles erledigt? Fertig zum Versenden!

5

Muster: Abschreiben ausdrücklich erlaubt

NUR KEINE VORLAGEN?

Nur nicht abschreiben, keine Floskeln, keine Vorlagen aus dem Internet, kreativ, authentisch, bla bla bla …

Solche oder ähnliche Ratschläge bekommst du häufig, wenn du nach Bewerbungstipps suchst. Vergiss es einfach! Solche Empfehlungen kann nur jemand geben, der aktuell keine Bewerbung schreiben muss.

Millionen von Bewerbern haben schon Bewerbungen geschrieben. Warum sollst ausgerechnet du das Rad neu erfinden? Und die Frage ist auch „Wie"? Alle Formulierungen, alle Sätze, alle Ausdrücke – schon benutzt, verwendet, bekannt! Die Personalentscheider kennen diese Sätze alle. So what? Wenn sie schön sind!

Du willst dich doch nur bewerben und nicht eine Doktorarbeit mit Quellennachweisen abgeben (und wie man hört, wird da auch gerne mal abgeschrieben). Wenn es dir gelingt, deine Bewerbung mit eigenen Ideen lebendiger zu gestalten – prima! Wenn nicht – auch prima!

Schreibe gerne ab! Benutze Floskeln! Mach es dir leicht!

MUSTER COVER

Bewerbung als Einzelhandelskauffrau

bei der Fineliner-Solution Company

Sophia
Neumann

Märchenweg 7 22222 Hamburg

0123 456789 S.Neumann@ggg.dd

Bewerbung

von Lukas Bergland

als KFZ-Mechatroniker

Wiesenteichstr. 79 • 55555 Köln
Mobil 0123 456 • Fest 0011 2233
Twitter @Lukasbergland-Beispiel

Bewerbung bei der Motorblock AG

MUSTER ANSCHREIBEN

Johanna Bamoja
Siegerstr. 11
88888 München
Mobil 0123 456789010

13. Mai 2019

An die
Flying-high-Horses AG
Frau Bonholz
Zweckfeldstr. 123
10001 Berlin

Bewerbung als Mediendesignerin / Ihr Stellenangebot auf Jobfreund.dd / Ref. 22022

Sehr geehrte Frau Bonholz,

Sie suchen eine kreative und flexible Mediendesignerin mit Erfahrung im Bereich User Experience Design.

Ich habe einen Bachelor of Arts in Design (Vertiefung Mediendesign). Meine besonderen Stärken liegen in der Konzeption und Umsetzung von graphischen Projekten mit Schwerpunkt UX Design. Ich möchte Sie in Zukunft gerne bei der Gestaltung Ihrer Medienpräsenz unterstützen.

Ich freue mich über eine Einladung zu einem persönlichen Gespräch.

Mit freundlichen Grüßen

Johanna Bamoja
Johanna Bamoja

Sophia Neumann Märchenweg 7 22222 Hamburg 0123 456789 S.Neumann@ggg.dd

An die
Fineliner-Solution Company
Frau Susanne Ellerwand
Birnwalderstraße 1
22222 Hamburg

01.06.2019

Bewerbung als Einzelhandelskauffrau • Teamleiterin • Ihr Referenzcode 12345

Sehr geehrte Frau Ellerwand,

Sie suchen ab sofort eine zuverlässige und erfahrene Einzelhandelskauffrau als Teamleiterin für Ihre Niederlassung in Hamburg.

Zuverlässigkeit steht bei mir an erster Stelle, meine Referenzen bestätigen das. Ich bringe auch 4 Jahre Berufserfahrung in ähnlicher Position mit, so dass ich die Abläufe sehr gut kenne. Und - ich kann auch sofort loslegen!

Ich komme gerne für ein persönliches Gespräch zu Ihnen und freue mich auf eine Einladung.

Mit besten Grüßen

Sophia Neumann

Sophia Neumann

Lukas Bergland • Wiesenteichstr. 79 • 55555 Köln • Mobil 0123 456 • Twitter @Lukasbergland-Beispiel

An die Motorblock AG
Herrn Schleifenstein
Wasserstraße 1
55555 Köln

Bewerbung als KFZ-Mechatroniker • Ihre Anzeige auf Jobmacher.dd

Sehr geehrter Herr Schleifenstein,

Sie suchen einen KFZ-Mechatroniker mit abgeschlossener Berufsausbildung und guten hydraulischen Kenntnissen.

Ich habe nach meiner Berufsausbildung 3 Jahre bei der Blockmotors GmbH im Bereich hydraulischer Aufbau gearbeitet. Ich bringe neben einem großen Erfahrungsschatz auch handwerkliches Geschick und technisches Verständnis mit. Das möchte ich gern in Ihrem Betrieb voll einbringen.

Ich freue mich auf ein Vorstellungsgespräch bei Ihnen.

Mit freundlichen Grüßen

Lukas Bergland

25.05.2019, Lukas Bergland

Bewerbung bei der Motorblock AG

Quentin Hintermeier • Pilgrimweg 26 • 77777 Stuttgart • Phone 0123 456789

An die
Thingamagic-Company
Herrn Sven Schönborn
Am Birkenhain 11
77777 Stuttgart

01.06.2019

Bewerbung als operative Führungskraft im Fachbereich Solutions
Ihre Referenznummer 123456/II

Sehr geehrter Herr Schönborn,

Sie suchen eine operative Führungskraft im Fachbereich Solutions mit einem abgeschlossenen Studium in Betriebswirtschaftslehre und hoher Belastbarkeit. Sie brauchen jemanden, der schwierige Projektphasen zu meistern versteht und flexibel auf Anforderungen reagieren kann.

Mit meiner langjährigen Erfahrung als Area Manager bei der Input AG und mit meiner durch Referenzen bestätigten Führungsqualität erfülle ich Ihre Anforderungen optimal. Werfen Sie einen Blick auf meine Motivationsseite. Meine Kompetenzen – Ihr Gewinn!

Ich freue mich auf ein persönliches Gespräch.

Mit freundlichen Grüßen

Quentin Hintermeier

Quentin Hintermeier

E-Mail: Qentin.Hintermeier@ggg.dd • Auf LinkedIn: Quentin Hintermeier Manager

Bewerbung Dr. Bernadette Becker

An die
Grundbau-Industrie AG
Frau Dr. Alanja Mertens
Waffelstraße 4
99999 Nürnberg

02.06.2019

Bewerbung als Investor Relations Managerin mit Führungsverantwortung
Ihr Stellenangebot auf Jobtop.dd / Ref. 1111

Sehr geehrte Frau Mertens,

Sie suchen eine Investor Relations Managerin mit Führungsverantwortung, die ein betriebswirtschaftliches Studium abgeschlossen hat und Erfahrung im Bereich Communication hat.

Seit meiner Promotion in Wirtschaftswissenschaften arbeite ich in ähnlicher Position bei der Wischer AG und bringe eine einschlägige Berufserfahrung mit. Durch meine selbstständige und vorausdenkende Arbeitsweise und meinen kooperativen Führungsstil bin ich die optimale Kandidatin für diese Position. In meinen beigefügten Referenzen finden Sie meine gute Reputation bestätigt. Bitte beachten Sie besonders das Schreiben von Herrn Professor Kern.

Ich freue mich über eine Einladung zu einem persönlichen Gespräch.

Mit freundlichen Grüßen

Bernadette Becker

Dr. Bernadette Becker

Burgstr. 17 ▫ 99999 Nürnberg ✆ 0123 45678 ✉ B.Becker@ggg.dd

Jean Pierre Geltermann ▫ Uferstr. 111 ▫ 04444 Leipzig ▫ Mobil 0123 456789

An die
Digital-Runner-Company
Frau Aila Lambert
Weiße-Elster-Allee 77
04444 Leipzig

01.06.2019

Bewerbung als Account-Manager mit Personalverantwortung ▫ Ihr Stellenangebot auf Online.dd

Sehr geehrte Frau Lambert,

Sie suchen einen Account-Manager mit Personalverantwortung, der professionell und sicher auftritt, der das bestehende Kundenportfolio betreut sowie kreative Strategien für die Neukundenakquise entwickelt.

Ich habe BWL mit Schwerpunkt Marketing und Vertrieb studiert. In der Comfort-Cool AG konnte ich bereits 4 erfolgreiche Jahre Berufserfahrung sammeln und meine Kommunikationsfähigkeit und mein emphatisches Wesen nutzen, um mit meinem Team einen umfangreichen Kundenstamm aufzubauen. Jetzt möchte ich meine Fähigkeiten gerne für Ihr Unternehmen einsetzen.

Ich freue mich auf Ihre Rückmeldung.

Mit freundlichen Grüßen

Jean Pierre Geltermann

Jean Pierre Geltermann

E-Mail JeanPierre.Geltermann@ggg.dd ▫ Meet me @ XING: J.P.Geltermann_Account-Manager

MUSTER LEBENSLAUF

Lebenslauf Johanna Bamoja

Kontakt
Siegerstr. 11, 88888 München
Mobil 0123 456789010
Johanna.Bamoja@ggg.dd

Berufserfahrung

01/2017 bis heute	Mediendesignerin • bei Firma Lalelu & Partner • mit Schwerpunkt UX Design • Kreativworkshops für Mitarbeiter
01/2015 bis 12/2016	Mediendesign-Assistentin • bei Art Director Rüdiger Böllux • Ausrichtung der Medientag 2015

Ausbildung

10/2011 bis 09/2014	• Bachelorstudium Design mit Vertiefung Mediendesign • Universität München • Bachelor of Arts – Abschluss: 2,0
01/2013 bis 07/2013	• Auslandssemester • bei H Inc. お h / Präfektur Tokio
09/2003 bis 08/2011	• Willy-Graf-Gymnasium, München

Sprachkenntnisse

Deutsch	Muttersprachniveau	C2
Englisch	Verhandlungssicher	C1
Japanisch	Basiskenntnisse	A1

13.05.2019

Johanna Bamoja

Lebenslauf zur Bewerbung von Sophia Neumann

Persönliche Daten

Sophia Neumann
Märchenweg 7
22222 Hamburg
Mobil 0123 456787
E-Mail S.Neumann@ggg.dd

Berufliche Tätigkeiten

seit 8/2016	Einzelhandelskauffrau, bei der Firma Turnberger GmbH • Teamlead-Funktion (Department mit 5 Mitarbeitern) • Interne Verkaufstrainings entwickelt
09/2014 bis 08/2016	Einzelhandelskauffrau, bei Reuther Schicke Taschen GbR
10/2015 bis 12/2015	Fortbildung „Leadership im Einzelhandel“

Berufsausbildung

09/2011 bis 08/2014	Ausbildung zur Einzelhandelskauffrau, bei der Klärchen Klein GmbH
09/2003 bis 07/2011	Elbe-Gymnasium, Hamburg abgeschlossen mit der allgemeinen Hochschulreife

Hobby

seit 2007	Eiskunstlauf im Frosting-Cool Verein, Hamburg
Softskills	• zuverlässig • kommunikativ • dienstleistungsorientiert
Sprachen	Deutsch – Muttersprachniveau Englisch – Muttersprachniveau

01.06.2019 Sophia Neumann

Lukas Bergland • Wiesenteichstr. 79 • 55555 Köln • Mobil 0123 456 • Twitter @Lukasbergland-Beispiel

Lebenslauf

Persönliche Daten

Lukas Bergland
Geburtsdatum 11.01.1991
Familienstand verheiratet, 1 Kind (3 Jahre)

Schule und Ausbildung

09/1997 bis 07/2007	Grund- und Realschule Merkerplatz Abschluss Mittlere Reife Note 2,0

Berufsausbildung

09/2007 bis 08/2010	Ausbildung zum KFZ-Mechatroniker bei der Blockmotor GmbH, Köln

Berufstätigkeit

09/2010 bis 10/2013	KFZ-Mechatroniker bei der Blockmotor GmbH, Köln Hauptbereich Hydraulischer Aufbau Ausbildung zum Ersthelfer
11/2013 bis 02/2013	Auslandsaufenthalt England mit Besuch des Sprachkollegs Mood
03/2014 bis heute	KFZ-Mechatroniker Firma Werkstättchen & Partner Durchführung von Hydraulischen Tests Betreuung Einführung E-Abteilung

Sprachkenntnisse

Deutsch	Muttersprachler
Englisch	Sehr gute Kenntnisse

Hobbies

Handball
Gitarre spielen

25.05.2019 Lukas Bergland

Bewerbung bei der Motorblock AG

Mina Merke ✦ Am Wendfeld 3 ✦ 66666 Frankfurt ✦ Tel. 0123 45678 ✦ Mail M.Geller@ggg.dd

Rechtsanwaltsfachangestellte
Mina Merke

Berufserfahrung

10/2017 bis heute	Rechtsanwaltsfachangestellte Patentanwaltskanzlei Ström, Frankfurt ✦ Vertragsvorbereitung Erbrechtssachen ✦ Interne Weiterbildung Urkundengeschäft ✦ Weiterbildung zur Kanzleileiterin DLG

Berufliche Ausbildung

09/2013 bis 08/2017	Ausbildung zur Rechtsanwaltsfachangestellten Kanzlei Wertung und Partner, Frankfurt

Schulische Bildung

09/2007 bis 08/2013	Perscheld Gynasium, Frankfurt Abschluss Abitur Note 2,0
09/2003 bis 07/2007	Grundschule am Perscheld, Frankfurt

Sprachen

Deutsch	Muttersprachniveau
Englisch	Verhandlungssicher
Italienisch	Verhandlungssicher
Schwedisch	Verhandlungssicher

25.05.2019

Mina Merke

Quentin Hintermeier • Pilgrimweg 26 • 77777 Stuttgart • Phone 0123 456789

Lebenslauf

Berufstätigkeit

07/2016 - heute Senior Area Manager, Input AG, Stuttgart

✧ Zuständig für die operative und strategische Neuausrichtung des Teilbereiches Projekt-AlphaTherm
✧ Führung eines Teams mit 10 Mitarbeitern
✧ Verantwortlich für die Budgetplanung Projekt-AlphaTherm

Studium

08/2011 - 02/2016 ✧ Bachelor of Science Betriebswirtschaftslehre Akademie Hauser, Stuttgart

Schulbildung

09/2002 - 05/2011 Goethe-Gymnasium, Stuttgart
✧ Abschluss Abitur Note 2,5

Auslandsaufenthalt

06/2011 – 07/2011 England, London
✧ 2-monatiger Sprachkurs Business B2 an der BeCool Academy, Baker Street

Soft Skills ✧ zuverlässig ✧ analytisch ✧ belastbar
✧ flexibel ✧ dynamisch ✧ kommunikativ

Sprachen

Deutsch	✧ Muttersprachniveau C2
Englisch	✧ Sehr gute Kenntnisse B2
Italienisch	✧ Basiskenntnisse A1
Spanisch	✧ Basiskenntnisse A1

01.06.2019
Quentin Hintermeier

E-Mail: Qentin.Hintermeier@ggg.dd • Auf LinkedIn: Quentin Hintermeier Manager

Curriculum Vitae Dr. Bernadette Becker

Karriere und Berufserfahrung	
seit 06/2016 bis heute	Relations Managerin Wischer AG, Nürnberg • Verantwortlich für Gesamtbereich Sales • Führungsverantwortung für 35 Mitarbeiter
09/2015 bis 05/2016	Junior Sales Managerin Wischer AG, Nürnberg • Übernahme und Neuaufbau Bereich Süd • Aufbau Controlling
07.08.2015	Promotion Betriebswirtschaftslehre (Dr. oec. publ.)
04/2013 bis 08/2015 währenddessen	Managerin Budgetplanung in Teilzeit Wischer AG, Nürnberg • Arbeit an Dissertation zum Thema „Break Even Point und Aktienaktivität"
09/2009 bis 02/2013	Studium der Betriebswirtschaft LMU München

Besondere berufliche Erfolge	
12/2016	• Auszeichnung des KIM Verband für besondere Leistungen im Innenwirtschaftsbereich
seit 02/2016	• Fachexpertin beim Verband KIM für Wirtschaftsforschung • Weiterbildung „Leadership"

Schulbildung	
09/2001 bis 07/2009	Maria-Meller-Gymnasium, Nürnberg Abschluss Hochschulreife mit Note 1,0

Softskills	**Sprachen**
Empathie	Englisch - Verhandlungssicher C1
Durchsetzungsvermögen	Deutsch - Muttersprachniveau C2
Konzentriert	Französisch - Muttersprachniveau C2

Privater Ausgleich Kung Fu Training, Trägerin der roten Schärpe

02.06.2019 *Bernadette Becker*

Burgstr. 17 ▫ 99999 Nürnberg ✆ 0123 45678 B.Becker@ggg.dd

Jean Pierre Geltermann ▫ Uferstr. 111 ▫ 04444 Leipzig ▫ Mobil 0123 456789

LEBENSLAUF

Berufserfahrung

seit 08/2015 — Account Manager, Comfort-Cool AG, Leipzig
- Erstellen von Anforderungsanalysen auf Basis der Organisationsstruktur und aktuellen Lage
- Durchführung von Quarterly Business Reviews
- Digitale Markenkommunikation im Bereich Social Media und Mitarbeiterbriefings zur Terminologie
- Projektcontrolling und Einhalten von Timelines
- Führung eines Teams von 7 Mitarbeitern

Studium

09/2009 bis 03/2014 — Studium Betriebswirtschaftslehre, LU Leipzig
- Schwerpunkt Marketing und Vertrieb
- Diplom Betriebswirt (grad)

Nebentätigkeit während des Studiums

01/2011 bis 12/2013 — Datenkontrolle bei Digital Advantage, Leipzig

Freiwilliges Soziales Jahr

09/2009 bis 10/2010 — Freiwilligendienst Peru „Planung und Durchführung einer Infrastruktur für das Dorf Mischu“ über Work and Travel

Schulbildung

09/2001 bis 08/2009 — Luise-Kastenbach-Gymnasium, Leipzig

Soft Skills

kommunikativ, stressresistent, zuverlässig, kreativ, souverän auch in schwierigen Situationen

Softwarekenntnisse

MS Office • sehr gute Kenntnisse
SAP • sehr gute Kenntnisse
Lingu-Lall • Basiskenntnisse

01.06.2019

Jean Pierre Geltermann

MUSTER MOTIVATIONSSEITE

Motivationsseite für die

Saturn-Savoir GmbH

Moritz van Blok

Absolut zuverlässig – bin ich nicht nur, wenn ich anhand meiner Berechnungen Prognosen stelle und Risiken bewerte, sondern in jeder Hinsicht.

Analytisches Denken – ist dass, was mir liegt und es macht den Großteil meiner Arbeit aus.

Professionelle Arbeitsweise – das habe ich bereits im Studium gelernt und meine Referenzen belegen das.

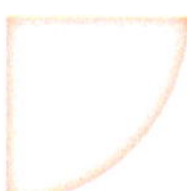

Spass an Mathematik – Wer liebt, was er tut, macht es besser! Das können Sie bei mir zu 100 % erwarten!

Zusammen ergibt das ein rundes Profil – das habe ich zu bieten.

Damit möchte ich Sie und Ihr Team tatkräftig unterstützen!

Motivationsseite Dr. Bernadette Becker

Sehr geehrte Frau Mertens,

Sie möchten etwas mehr über mich und meine Motivation erfahren?

- **Meine Persönlichkeit**

Ich bin durchsetzungsstark und verstehe es bestens die Interessen des Unternehmens nach innen und außen zu vertreten. Mit meinem emphatischen Wesen finde ich für jede Zielgruppe die richtige Sprache und kann das mit meinem Auftreten auch unterstreichen. Durchsetzungsvermögen ist meine größte Stärke!

- **Ihr Unternehmen**

Sie möchten den Bereich „Investor Relations“ vollkommen neu aufbauen. Das ist eine große Herausforderung für ein Unternehmen. Ich habe bereits den Börsengang der Grundbau-Industrie mit großem Interesse verfolgt und bin beeindruckt von Strategie und Zielstrebigkeit Ihres Unternehmens. Deswegen bewerbe ich mich bei Ihnen.

- **Gemeinsam gestalten!**

Ich passe perfekt in Ihr Unternehmen, weil ich umfassende Erfahrungen aus einer ähnlichen Position mitbringe, in der ich große und weitreichende Erfolge erzielt habe. Und weil ich die gleiche Einstellung wie Ihr Unternehmen habe:

Mit Achtsamkeit zum Erfolg!

Bernadette Becker

Burgstr. 17 ▫ 99999 Nürnberg ✆ 0123 45678 B.Becker@ggg.dd

Motivationsseite von Jean Pierre Geltermann

Sie möchten mehr über mich erfahren?

Hier auf meiner Motivationsseite möchte ich Ihnen gerne einen kleinen Einblick geben:

M Mitarbeiter ▫ sie sind das Kapital jedes Unternehmens. Die Digital-Runner-Company pflegt einen Umgang auf Augenhöhe mit ihren Mitarbeitern und das gefällt mir sehr.

O Organisationsstruktur ▫ sie zeigt, wie die Zusammenarbeit im Unternehmen funktioniert. Auch das ist ein Punkt, den ich bei der Digital-Runner-Company sehr schätze.

T Target ▫ das englische Wort für Ziel und das habe ich immer vor Augen!

I Intensiv ▫ so lässt sich meine gesamte Arbeitsweise gut umschreiben.

V Vorwärtskommen ▫ das Unternehmen voranbringen, das ist mein Ziel.

A Anforderungsprofil ▫ in meinem werden Sie alles finden, was für die Stelle gebraucht wird.

T Transaktionale Führung ▫ ist der Stil, in dem ich meine Mitarbeiter führe.

I Ideenmanagement ▫ eines meiner Tools, um in jeder Lage kreative Lösungen zu finden.

O Open space ▫ in einer solchen Atmosphäre kann alles verwirklicht werden und neue Ideen fließen!

N Never give up! ▫ Das ist mein Motto beruflich, wie auch privat und das macht meinen Erfolg aus!

E-Mail JeanPierre.Geltermann@ggg.dd ▫ Meet me @ XING: J.P.Geltermann_Account-Manager

6

Tipps und Tricks

„Hiermit“ – No-Go!

„Hiermit bewerbe ich mich …“ – Wer redet denn so? Vielleicht jemand, der einen Antrag vor Gericht stellt: „… hiermit stelle ich folgenden Eilantrag …“. Oder eines der drei Musketiere fordert ein Duell: „Hiermit (handschuhwerfend) fordere ich ein Duell! Und natürlich lassen sich Kinder und Schiffe auf diese Weise taufen: „Hiermit taufe ich dich auf den Namen Titanic!“

In der normalen Sprache schmerzt „hiermit“ höchstens im Ohr. Zum Glück sind die Zeiten der eckigen und sperrigen Schriftsprache für Bewerber vorbei. Es handelt sich bei „hiermit“ nur noch um einen wirklich schlechten Einstieg für eine Bewerbung. Früher hat man das mal so gemacht – stimmt! Aber früher hatten Telefone auch eine Schnur.

Zu wessen Händen

Die Abkürzung „z. Hd.“ oder „z. H.“ ist ebenfalls überflüssig. Wenn du unter den Firmennamen den Namen deines Ansprechpartners schreibst, weiß jeder lesende Mensch, für wen diese Post ist!

Wenn ich dich dennoch nicht davon abhalten kann, ist die Schreibweise der beiden genannten Abkürzungen gleichwertig.

Punkt, Punkt, Komma, Strich …

Nach der Begrüßung „Sehr geehrte Frau Gemuster“ setzst du ein Komma und schreibst in der nächsten Zeile klein weiter.

Eine Ausnahme bildet das Anredepronomen „Sie“. Das wird immer groß geschrieben, auch nach dem Komma: Sehr geehrte Frau Gemuster, Sie suchen …

Und was ist mit dem Punkt? – Nichts! Kein Punkt nach der Anrede.

Und wie sieht es mit dem Ausrufezeichen aus? Das sieht man doch manchmal. Ein Ausrufezeichen hat etwas Forderndes und passt deswegen nicht wirklich zur Anrede in einer Bewerbung.

Schriftart

Verwende bei allen Dokumenten die gleiche Schriftart, so bekommst du ein schönes einheitliches Bild. Die Schriftgröße darf variieren, auch innerhalb eines Dokuments. Allerdings wirken mehr als zwei bis drei unterschiedliche Schriftgrößen meist unruhig.

Rechtschreibung

Rechtschreibung ist in Chats und Foren weniger wichtig. Dort wird schnell kommuniziert und Fehler tun der Verständigung keinen Abbruch. Zudem hat sich in vielen Chats eine eigene Sprache etabliert, die mit Abkürzungen und Auslassungen arbeitet, zum Beispiel „nich" statt „nicht" oder „iwie" statt „irgendwie".

Bei deiner Bewerbung musst du trotzdem auf Rechtschreibung achten. Die Gesamtwirkung ist besser und oft werden Bewerbungen mit automatisierten Programmen, den bereits erwähnten Recruiting-Bots gescannt. Diese Programme suchen nach Matchingwords und berücksichtigen falsch geschriebene Wörter nicht. Oder sie sortieren Bewerbungen mit Rechtschreibfehlern, je nach Voreinstellung, gleich aus.

Kurz gefragt

Bewerbung als … oder Bewerbung zur/zum …?

Klar geantwortet: – Bewerbung als … Floristin/Chemielaborant/Einzelhandelskaufmann/Accountmanagerin etc.

Vielen Dank für die Blumen!

Jeder mag Komplimente. Das ist bei Arbeitgebern nicht anders. Die Geschäftsleitung und das Team sind stolz auf ihre Erfolge oder Strategien. Sie freuen sich über gelungene Marketingmaßnahmen. Und es gefällt ihnen, dass du ihre Firma toll findest, weil sie zum Beispiel so spannende Produkte entwickeln.

Lob kommt immer gut an. Du darfst natürlich nicht zu dick auftragen – sonst verpufft die angenehme Wirkung schneller als Wassertropfen auf einer heißen Motorhaube.

Wertschätzung!

Ehrlich gemeint oder zumindest ziemlich ehrlich gemeint und passend platziert, haben Komplimente einen äußerst positiven Effekt.

Ich bin dann mal weg

Der Hinweis auf einen gebuchten Urlaub gehört nicht ins Anschreiben. Auch wenn es dich sehr beschäftigt, dass der geplante Urlaub in die Anfangszeit des neuen Jobs fallen könnte. Das lässt sich im Vorstellungsgespräch wunderbar klären – aber erst gegen Ende des Gesprächs.

Lieber persönlich

Manche Firmen bitten schon in der Stellenanzeige um deine Gehaltsvorstellung. Vielleicht möchtest du nicht gleich damit rausrücken, weil du dir die Chance auf ein Vorstellungsgespräch nicht mit zu hohen Vorstellungen verbauen willst. Dann schreibe: Über meine Gehaltsvorstellung spreche ich gerne im Jobinterview.

Break-up

Es gibt beim Break-up viele antiquierte Sätze, bei denen sich einem die Nackenhaare kräuseln. Trotzdem sind sie nicht totzukriegen und tauchen immer mal wieder auf. Beispiel gefällig?

- Bezugnehmend auf Ihre Stellenanzeige … – Das hört sich an, als würde Mary Poppins an einem Schirm hängend versuchen, eine Bewerbung zu singen. Oder?

- Es würde mich sehr freuen, wenn ich zu einem persönlichen Gespräch kommen darf … – Nur nicht so unterwürfig! Deine Arbeitskraft ist verdammt wertvoll! Und wir sind im 21. Jahrhundert – da kannst du erwarten, auf Augenhöhe behandelt zu werden.
- Auf Antwort hoffend, verbleibe ich … – Bitte nicht! Bitte verbleibe nicht und schon gar nicht hoffend! Eile stattdessen lieber schnell ins Kapitel 4 zu den „Formulierungen zum Übernehmen“!

Sommer, Sonne, Urlaubsfoto

Ein Urlaubsfoto passt nicht in eine Bewerbung! Auch wenn alle anderen Anforderungen sich entspannt haben und lockerer gehandhabt werden – ein Bikini- oder Badehosenbild geht gar nicht!

Offensichtliche Urlaubsfotos nehmen deiner Bewerbung die Ernsthaftigkeit. Meist aus der Eile heraus geboren: Cooles Jobangebot gefunden, jetzt soll es schnell gehen und kein anderes Foto ist gerade verfügbar. Was dann?

Auch in diesem und überhaupt in allen Fällen gilt ein einfaches Prinzip: Keine Urlaubsfotos in einer beruflichen Bewerbung! Dann lieber gar kein Foto!

Spam

Prüfe während der Bewerbungsphase regelmäßig deinen Spam-Ordner. Es passiert immer wieder, dass auch wichtige E-Mails im Spam landen.

Wo sind die Erfolge?

Im Lebenslauf ist Klotzen statt Klecksen durchaus angesagt. Streiche deine Erfolge in den Details ruhig richtig heraus, auch wenn du es im Anschreiben schon erwähnt hast. Und auch wenn du denkst, dass es völlig klar sein müsste – formuliere es lieber richtig aus.

Lückenfüller

Lücken im Lebenslauf sind meist ähnlich unangenehm wie fehlende Zähne im Gebiss: auffallend, nur umständlich zu verbergen und im absolut ungünstigsten Moment wunderbar sichtbar!

Im Lebenslauf eignet sich zur Füllung erfahrungsgemäß die Wahrheit am besten – oder zumindest die größtmögliche Nähe zur Wahrheit. Sehr ungünstig gelegene Lücken, wie eine monatelange Null-Bock-Phase oder längere Phasen der Arbeitslosigkeit, machen sich besser, wenn du sie etwas euphemistischer bezeichnest.

So klingt doch eine Zeit der „allgemeinen Neuorientierung“ besser als eine Null-Bock-Phase. Und eine „aktive Arbeitssuche“ hört sich deutlich besser an, als eine Zeit der Arbeitslosigkeit.

Detail-Liste

Mach dir eine Liste mit den Details und Erfolgen deiner Berufstätigkeit. Wenn du es in Stichpunkten schreibst, ist es schnell gemacht und du kannst es für Bewerbungen gut gebrauchen. Auf einen Blick siehst du, welche Details sich für die angestrebte Stelle eignen, und kannst sie in den Lebenslauf übernehmen.

Lebenslauf mit Ferien

Längere Reisen oder Auslandsaufenthalte sind nicht weiter erklärungsbedürftig. Inzwischen sitzt auch bei den Personalentscheidern eine Generation, die selbst ihre Auszeiten genommen hat und für Work-Life-Balance steht. Jetzt kommen längere Reisen im Allgemeinen gut an, auch wenn du rein zum Vergnügen gereist bist.

Reisen erweitern den Horizont, festigen die Sprachkenntnisse und regen die Kreativität an. Solche Zusatzqualifikationen machen neben den Fachkompetenzen einen guten Mitarbeiter auch aus.

Reminder

Wer die Lücke im Lebenslauf etwas schicker auffüllt, als sie gewesen ist, muss das auch im persönlichen Gespräch vermitteln können!

Netiquette

Auch im Internet gibt es Regeln für das Miteinander. Dazu gehört ein freundlicher Umgangston, beruflich genauso wie privat.

Poste nicht absichtlich etwas, was andere beleidigt oder verärgert. Damit erreichst du nichts. Insbesondere nicht in einer Bewerbungsphase – mit etwas Pech liest es dein beinahe zukünftiger Chef und stellt dich nicht ein. Seid auch im Internet höflich zueinander!

Das Gesamtbild zählt

Es gibt viele verschiedene Möglichkeiten und Ideen, eine Bewerbung zu schreiben. Die Vorschläge in diesem Buch haben sich bewährt und sind einfach umzusetzen. Das bedeutet nicht, dass es keine Abweichung von den genannten Vorschlägen geben darf. Wenn du die Regeln kennst, kannst du entscheiden, ob du sie benutzt oder nicht. Was zählt, ist das Gesamtbild.

Mach mal Pause!

Wenn du mit dem Zusammenstellen und Schreiben deiner Bewerbung komplett fertig bist, mach mal Pause! Lass die Dokumente ein paar Stunden oder wenn möglich einen Tag ruhen. Mache in der Zeit etwas komplett anderes. Lies anschließend alles in Ruhe noch mal durch. Mit etwas Abstand wirst du vielleicht den einen oder anderen übersehenen Fehler noch entdecken.

Kurze Geschichte zur Gehirnkunde

Das Gehirn ist genial. Wenn du häufig in kurzer Zeit die gleichen Texte liest, korrigiert das Gehirn Fehler im Text von allein, es weiß ja schließlich, was du eigentlich schreiben wolltest. Das ist toll vom Gehirn. Aber das bedeutet für dich, dass du diese Fehler gar nicht mehr wahrnimmst und es erschwert das Korrekturlesen der eigenen Texte ungemein.

Und jetzt mal ohne Vokale:

Knnst d dn Txt lsn? – Ds Ghrn vrbssrt ds. Grßrtg, ncht whr?

Lösung hier
oder in Kapitel 9.

Vom Umgang mit Absagen

Trotz bester Voraussetzungen hast du die Stelle nicht bekommen? Enttäuschung ist eine normale Reaktion darauf. Aber lass dich nicht zu blöden Kommentaren dem Arbeitgeber gegenüber hinreißen!

Es gibt Bewerber, die ihrer Enttäuschung in einer E-Mail an das Unternehmen Luft machen. Das ist nicht nur unprofessionell, sondern auch ungeschickt! Denn dort brauchst du dich in näherer Zukunft sicher nicht noch einmal bewerben und vielleicht hätte sich ausgerechnet dort eine interessante andere Möglichkeit für dich geboten.

7

Die 10 besten Tipps für das Jobinterview

Einladung zum Gespräch bekommen? Perfekt! Die folgenden Tipps helfen dir, im Jobinterview souverän aufzutreten.

1. Just in time!

Tatsächlich ist es wichtig, pünktlich zum Jobinterview zu erscheinen. Ein verspäteter Bewerber kassiert gleich mal einen Minuspunkt, egal wie gut seine Erklärung ist.

Deswegen plane vor dem Termin ausreichend Zeit ein, damit du entspannt und pünktlich eintriffst. Sei am besten schon 10 bis 15 Minuten vor dem verabredeten Zeitpunkt da. Das gibt dir auch Zeit, noch einmal durchzuatmen.

2. Der Look!

Mit der Kleidung kannst du einfach punkten. Mit dem passenden Outfit zeigst du Respekt vor deinen Gesprächspartnern. Die Stilrichtung ist abhängig von der Branche.

Business formal, Business casual oder bunter? Welcher Dresscode ist in deiner Wunschbranche üblich?

Kleide dich zum Interview ein bisschen besser, als du es später im Job machen würdest.

3. Unterlagen dabei!

Nimm deine Bewerbungsunterlagen zum Gespräch mit. Wenn du dich per One Click beworben hast, hat dein Gesprächspartner deine kompletten Unterlagen noch gar nicht gesehen. Da kommt es sehr professionell rüber, wenn du alles dabei hast und zur Verfügung stellen kannst.

4. Bitte nicht stören!

Smartphone aus oder „Auf nicht stören" – und zwar bevor du ins Gespräch gehst. Schalte am besten auch den Vibrationsalarm ab. Eine Störung durch dein eigenes Handy kannst du so schon mal vermeiden.

5. Äh – wie war der Name?

Wie hieß die doch gleich? Solche Gedanken lenken ab und machen nervös. Frage vor dem Gespräch telefonisch nach, wer dein Gesprächspartner sein wird oder hör bei der Begrüßung genau zu. Sprich dein Gegenüber mit seinem Namen an, mit dem richtigen Namen, versteht sich. Jeder Mensch hört seinen eigenen Namen gerne. Pluspunkt!

6. Aufgepasst!

Erzählen Sie doch mal ein bisschen was über sich! – Das ist eine beliebte Bitte von deinen Gesprächspartnern im Jobinterview. Sie verunsichert fast jeden Bewerber. Was wollen die jetzt von mir hören? Berufliche Stationen stehen doch im Lebenslauf! Trotzdem?

Ja, trotzdem! Erwartet wird eine Zusammenfassung deiner beruflichen Stationen, mit deinen eigenen Worten. Im besten Fall möchte der Arbeitgeber dich ein bisschen besser kennenlernen und wünscht sich Grundsätzliches über deine Persönlichkeit zu erfahren. Im ungünstigeren Fall möchte dein zukünftiger Arbeitgeber abklopfen, ob deine Angaben aus dem Lebenslauf wirklich stimmen.

Verpacke deinen Lebenslauf in eine kleine Story. Sprich in ganzen Sätzen und nicht nur in Stichwörtern. Überlege dir vor dem Gespräch, wie du das präsentieren kannst, dann bringst du es im Interview souverän rüber.

Beispiel gefällig?

Ich bin in Köln aufgewachsen. Nach meinem Studium/meiner Ausbildung habe ich meine Berufstätigkeit bei Beispielfirma gestartet, einem großen Industriebetrieb für Musterabläufe. Hier konnte ich viel über Musterstoffe lernen, alle Arbeitsabläufe kennenlernen und einschlägige Erfahrungen beim Bearbeiten von Mustertätigkeiten sammeln. Jetzt suche ich nach einer neuen Herausforderung und sitze deswegen hier mit Ihnen zusammen.

Auch welche Hobbys du hast oder andere kleine Einblicke in dein Privatleben kannst du gewähren, wenn du das möchtest.

Aber Vorsicht! Eine ausführliche Plauderei über dein Privatleben ist ein No-Go! Die meisten Bewerber sagen aus Nervosität und Unsicherheit hier mehr über sich, als sie möchten – und vielleicht auch sollten.

7. Brace for impact!

Mach dich auf Nachfragen gefasst! Sieh dir deine Dokumente kritisch an. Dort, wo du hängenbleibst, bleibt auch ein Personalverantwortlicher hängen. Lücken im Lebenslauf, schlechte Noten, fehlende Zeugnisse. Sei vorbereitet auf solche Nachfragen. Dann bringen sie dich nicht aus der Fassung und du kannst souverän antworten.

8. Into the Future!

Gerne fragen Arbeitgeber danach, wo du dich in fünf oder zehn Jahren siehst. Überleg dir etwas dazu, auch wenn du noch gar nicht so weit geplant hast. In fünf bis zehn Jahren kräht nämlich kein Appenzeller Barthhahn mehr danach, was du damals gesagt hast.

Und klar, dass es hier nicht um deine privaten Vorstellungen geht! Kinderwunsch, Heiratspläne oder langgehegter Traum von einer mehrjährigen Weltreise gehen den Personaler nichts an!

9. Hausaufgaben machen!

Lerne das Unternehmen vor dem Interview kennen. Schau dir den Internetauftritt an, lies, was das Unternehmen macht, wer dort arbeitet. Merke dir die 3W-Fragen:

Wer leitet das Unternehmen? Wer arbeitet dort?
Wie groß ist es? Wie viele Mitarbeiter? Wie viele Niederlassungen?
Was genau wird dort gemacht?

Der Aufwand ist nicht so groß und du verschaffst dir einen schönen Wissensvorteil.

10. Kenne deinen Wert!

Es ist im ersten Gespräch durchaus üblich, dass dein Gegenüber nach deinem Gehaltswunsch fragt. Wenn du nun viel zu hoch greifst, wird dein Gesprächspartner denken, du bist größenwahnsinnig oder zu gut für diesen Job. Wenn du zu tief stapelst, wirst du entweder ab sofort schlecht bezahlt oder der Arbeitgeber denkt, dass du nicht qualifiziert genug bist.

Informiere dich vorher, was üblich ist. Dann kannst du die Aussage selbstbewusst treffen.

CHECKBOX NR. 8: BRAINTEASER!

Du hast neun bunte Würfel und eine mechanische Waage mit zwei Waagschalen. Alle Würfel haben das gleiche Gewicht, nur einer ist minimal schwerer als die anderen Würfel. Wie kannst du mit zweimal Wiegen, den schwereren Würfel herausfinden?

Kleiner Tipp: Du musst zuerst drei Würfel gegen drei Würfel wiegen.

Lösung hier
oder in Kapitel 9.

8

Human Ressource (HR)-Glossar

In Personalabteilungen existiert eine eigene Sprache, egal, ob es um Personalangelegenheiten oder um arbeitsrechtliche Dinge geht. Hier findest du eine Erklärung zu einigen Abkürzungen und Begriffen, die für dich als Bewerber vielleicht auch interessant sind.

Active Sourcing (auch Social Sourcing)

Unternehmen suchen aktiv nach neuen Mitarbeitern und durchforsten dabei auch die Social-Media-Landschaft. Sie sprechen geeignete Kandidaten von sich aus an und unterbreiten Jobangebote. Diese Form der Mitarbeitersuche vereinfacht den Bewerbungsprozess für den Bewerber.

Allgemeines Gleichbehandlungsgesetz (AGG)

Das Allgemeine Gleichbehandlungsgesetz (umgangssprachlich auch Antidiskriminierungsgesetz) hat zum Ziel, Benachteiligungen wegen Abstammung, ethnischer Herkunft, des Geschlechts, der Religion oder Weltanschauung, einer Behinderung, des Alters oder der sexuellen Identität zu verhindern oder zu beseitigen. Deswegen musst du viele Dinge im Lebenslauf auch nicht mehr angeben, die früher Standard waren.

Aufhebungsvertrag

Durch einen Aufhebungsvertrag kann ein Arbeitsverhältnis in beiderseitigem Einvernehmen beendet werden. Geht die Initiative vom Arbeitgeber aus, wird dem Arbeitnehmer dabei häufig eine Abfindung angeboten.

> Sollte dir irgendwann einmal dein Arbeitgeber einen Aufhebungsvertrag anbieten – lasse dich auf jeden Fall von einem Anwalt beraten, bevor du etwas unterschreibst!

Arbeitsvertrag

Ein Arbeitsvertrag ist ein privatrechtlicher Vertrag zwischen zwei Parteien. Der Inhalt eines Arbeitsvertrags darf trotzdem nicht gegen gesetzliche Vorgaben verstoßen. Es gibt beispielsweise einen gesetzlichen Mindesturlaub nach dem Bundesurlaubsgesetz oder Mindestlohn nach dem Mindestlohngesetz.

Eine schriftliche Form des Vertrags ist zwar nicht gesetzlich vorgeschrieben, aber dringend zu empfehlen. Wenn es Streitigkeiten oder Unklarheiten gibt, ist es besser, du hast einen schriftlichen Vertrag in der Hand.

Der Vertrag sollte dir spätestens zum Arbeitsbeginn ausgehändigt werden.

Arbeitszeugnis

Jeder Arbeitnehmer hat bei Beendigung des Arbeitsverhältnisses das Recht auf ein schriftliches Arbeitszeugnis. Mindestens Art und Dauer der Tätigkeit müssen aufgeführt sein = einfaches Arbeitszeugnis.

Auf Verlangen des Arbeitnehmers besteht ebenfalls ein Anspruch auf ein qualifiziertes Arbeitszeugnis. Hier werden die Tätigkeiten und Arbeitsbereiche genau bezeichnet und bewertet.

Die meisten Arbeitgeber stellen von sich aus ein qualifiziertes Zeugnis aus. Wenn du bei Vertragsende keines bekommst, solltest du es dringend verlangen. Ein qualifiziertes Zeugnis ist ungleich wertvoller als ein einfaches!

Assessment-Center (AC)

Ein Assessment-Center ist eigentlich nur eine größer angelegte Eignungsprüfung.

Im Bewerbungsprozess handelt es sich dabei um ein selektierendes Assessment-Center. Das bedeutet, es soll ausgesiebt werden, welche Kandidaten am besten für die Stelle geeignet sind.

Normalerweise setzt sich ein Assessment-Center aus verschiedenen Aufgaben zusammen. Es ist nicht ungewöhnlich, dass ein Assessment-Center nicht nur ein paar Stunden, sondern durchaus einmal zwei Tage dauern kann. Das erfährst du aber in deiner Einladung. Wie setzen sich die Aufgaben zusammen?

Üblicherweise gibt es eine Gruppenarbeit, schriftliche Tests aus dem Berufsfeld und dem aktuellen Tagesgeschehen sowie praktische Übungen.

Bewerberlandschaft

Die Bewerberlandschaft ist die Gesamtheit der potenziellen Bewerber auf dem Arbeitsmarkt zu einer bestimmten Zeit. Im Human Ressources Management ist es wichtig, die aktuelle Bewerberlandschaft zu kennen, damit bei Personalbedarf direkt die richtigen Recruiting Maßnahmen angestoßen werden können.

Befristung

Ein befristeter Arbeitsvertrag gilt nur für die Dauer der Befristung. Im Anschluss daran endet das Arbeitsverhältnis in der Regel, ohne dass es einer Kündigung bedarf.

Bei einem befristeten Arbeitsvertrag musst du dich rechtzeitig darum kümmern, ob eine Verlängerung möglich ist. Oder wenn du keine Verlängerung möchtest, dich woanders bewerben – du weißt ja jetzt, wie einfach das geht!

Betriebliche Übung

Eine betriebliche Übung hat nichts mit Fitness zu tun. Es bedeutet, dass Arbeitnehmer aus einem regelmäßig wiederkehrenden Verhalten des Arbeitgebers schließen dürfen, dass der Arbeitgeber sich auch in Zukunft so verhält.

Zahlt zum Beispiel der Arbeitgeber seinen Mitarbeitern seit mehreren Jahren einmal im Jahr eine Sondervergütung, dürfen die Mitarbeiter davon ausgehen, dass sie das Geld im kommenden Jahr wieder erhalten. Daraus kann ein Anspruch entstehen – es sei denn, der Arbeitgeber klärt die Arbeitnehmer darüber auf, dass es sich um eine freiwillige Leistung handelt und sie nicht mit einem regelmäßig wiederkehrenden Verhalten rechnen können.

Biografisches Interview

Das Jobinterview baut sich dabei ausgehend von deiner persönlichen Biografie auf. Es werden in der Hauptsache Fragen zu deinem Werdegang, deiner Qualifikation und deinen Zielen gestellt.

Bundesurlaubsgesetz (BUrlG)

Das Bundesurlaubsgesetz regelt in Deutschland alle Erfordernisse im Hinblick auf den Erholungsurlaub von Arbeitnehmern und dessen Abgeltung.

BYOD

BYOD ist die Abkürzung für „Bring your own device"! Wenn das auf deiner Einladung zu einem Assessment-Center steht, bedeutet es, dass du deine eigenen mobilen Geräte mitbringen sollst (Smartphone, Tablet oder Laptop).

Bots

Bots ist die Kurzform von Robots, also Roboter. Inzwischen gibt es eine Menge Prozesse, die durch Bots automatisiert ablaufen, zum Beispiel Chat-Bots oder auch Recruiting-Bots.

Brainteaser

Ist der englische Begriff für Rätsel. Brainteaser werden gerne in Eignungstests oder Assessment-Centern abgefragt. Du kannst dich darauf aber ganz gut vorbereiten. Wenn du vor dem Eignungstest oder Assessment-Center im Internet nach Brainteasern suchst und dich ein bisschen damit befasst, kennst du schnell die Lösungswege.

Häufig werden die gleichen Rätsel in etwas abgeänderter Form immer wieder benutzt.

Candidate Experience

Hier geht es um die Erfahrungen, die ein Bewerber während eines Bewerbungsverfahrens mit einem Unternehmen macht. Anfangs belächelt, ist die Candidate Experience heute ein wichtiges Instrument für das Employer Branding.

Curriculum vitae (CV)

Was ein bisschen klingt wie ein Zauberspruch von Harry Potter, bezeichnet auf Deutsch ganz unspektakulär den Lebenslauf. Ob du Curriculum vitae oder Lebenslauf schreibst, ist egal. In Deutschland wurde Curriculum vitae vor einiger Zeit mal ziemlich gehypt. Inzwischen ist es wieder rückläufig. Wenn du dich bei einem internationalen Unternehmen bewirbst, ist es aber sinnvoll, Curriculum vitae zu schreiben.

Commitment

Als Commitment bezeichnet man eine hohe Identifikation des Mitarbeiters mit dem Unternehmen. Wörtlich übersetzt heißt es Bindung oder Engagement. Eine solche Verbindung gelingt natürlich nur, wenn der Arbeitgeber für seine Mitarbeiter eine entsprechend wertschätzende Atmosphäre schafft.

Corporate Identity (CI)

Die CI drückt ein einheitliches Erscheinungsbild des gesamten Unternehmens aus. Das geht durch alle Abteilungen und verfolgt den Zweck, einen hohen Wiedererkennungswert zu erreichen. Das deutsche Wort dafür lautet Unternehmensidentität.

CV-Parsing

Das ist nichts anderes, als den Lebenslauf automatisiert nach Matchingwords durchsuchen zu lassen. Mit diesem Wissen kannst du dem CV-Parsing gelassen entgegensehen. Du hast ja den Dreh mit den Matchingwords jetzt raus und weißt, wie du dir einen Vorteil damit verschaffen kannst. Es leben die Matchingwords!

Digital Natives

Wörtlich übersetzt sind es „gebürtige Digitale“. Das sind Menschen, die mit den heutigen digitalen Informationstechniken aufgewachsen sind und eine Welt ohne Smartphone und Internet gar nicht kennengelernt haben.

Diversity Management

Die wörtliche Übersetzung von Diversity ist Vielfalt – und genau darum geht es: die Vielfältigkeit von Menschen und Kulturen im Unternehmen zu fördern und dadurch neue Chancen zu eröffnen. Wenn es in einem Unternehmen ein Diversity Management gibt, wird dort vermutlich ein liberaler Führungsstil herrschen.

Demografischer Wandel

Durch Geburten- und Sterberate sowie Migration verändert sich das Durchschnittsalter der Bevölkerung. Das hat Einfluss auf alle Lebensbereiche, insbesondere auf den Arbeitsmarkt. Wenn für den Arbeitsmarkt weniger Fachkräfte als offene Stellen zur Verfügung stehen, ist das für dich als Bewerber eine tolle Ausgangslage.

E-Recruiting

E-Recruiting bezeichnet die Personalsuche mithilfe von elektronischen Systemen und Programmen über alle digitalen Kanäle.

Employer Branding

Darunter versteht man, dass ein Unternehmen sich zu einer für Mitarbeiter und Bewerber attraktiven Arbeitgebermarke macht. Das geschieht in der Hauptsache durch Marketingmaßnahmen und Imagepflege. In Zeiten des Fachkräftemangels ist das für Arbeitgeber wichtiger denn je, um Bewerber für sich zu gewinnen.

Fahrtkostenerstattung

Bewerber können sich unter Umständen Kosten für die Fahrt zum Vorstellungsgespräch erstatten lassen. Erkundige dich bei dem Unternehmen, ob es deine Fahrtkosten übernimmt.

Fluktuation

Als Fluktuation wird im Personalwesen der arbeitnehmerseitige Wechsel der Arbeitsstelle bezeichnet. Eine hohe Fluktuationsrate im Personalbereich zeigt an, dass die Arbeitnehmer nicht lange in diesem Unternehmen bleiben wollen. – Kein gutes Zeichen.

Wenn du dich bei einem Unternehmen bewirbst und feststellst, dass die Personalfluktuation hoch ist, schaue erst mal, warum so viele das Unternehmen verlassen.

Fachliche Kompetenz

Die fachliche Kompetenz beschreibt das gesamte, für einen Beruf notwendige Können und Wissen in einem bestimmten Arbeitsbereich.

Fuck-up-nights

Die sogenannten Fuck-up-nights, die es mehr und mehr in großen Städten gibt, sind ein Forum für Unternehmer, um sich über „gelungenes" Scheitern auszutauschen und daraus zu lernen. Arbeitgeber, die sich selbst hinterfragen und aus ihren Fehlern lernen wollen, behandeln in der Regel auch ihre Belegschaft auf Augenhöhe. Denn alles andere ist früher oder später zum Scheitern verurteilt.

Geldwerter Vorteil

So nennt man Gehaltsbestandteile, die nicht ausbezahlt werden. Sie stehen als Sachwert zur Verfügung, zum Beispiel ein Firmenwagen zur privaten Nutzung oder vergünstigtes Essen in der Kantine. Manche von diesen Sachwerten müssen aber über die Lohnabrechnung versteuert werden.

Generation Y

Unter diese Bezeichnung fallen die ältesten Digital Natives ab den Geburtsjahren der frühen 1980er-Jahre.

Gendering/Gendern

Gleiches Recht für alle! Gendering bezeichnet das Bestreben, für alle Geschlechter die gleichen Rechte zu erwirken.

HR (Human Ressources) und HRM (Human Ressources Management)

Human Ressources steht für menschliche Arbeitskraft in einem Unternehmen und natürlich gibt es dafür auch ein Management – das Human Ressources Management, kurz HRM.

High Potential

So werden überdurchschnittlich gute Nachwuchskräfte genannt, die gefördert werden sollen. Manchmal wird der Begriff auch mit einem sarkastischen Unterton eingesetzt. Dann bedeutet es das Gegenteil.

Jobinterview (Interview)

Der englische Begriff für das Vorstellungsgespräch bzw. Bewerbungsgespräch.

Kündigungsfrist

Das ist die Zeitspanne zwischen Kündigung und Vertragsbeendigung. Meistens ist die Kündigungsfrist explizit im Arbeitsvertrag geregelt. Steht im Vertrag dazu nichts, gilt die gesetzliche Kündigungsfrist von vier Wochen.

Keywords

→ Matchingwords

KMU

KMU ist die Abkürzung für kleine und mittelständische Unternehmen.

Kamingespräch

Als Kamingespräche werden Treffen in einem kleinen Kreis und entspannter Atmosphäre bezeichnet. Dort wird über konkrete, meist zuvor definierte Themen diskutiert.

Lebenslanges Lernen

Ein Konzept, das auf die Bereitschaft des Einzelnen setzt, sich lebenslang fortzubilden und sich immer wieder neue Informationen zu beschaffen.

Matchingwords/Keywords

Sind Suchwörter, die zu einer bestimmten Abfrage passen.

Mediation

Eine Mediation ist ein mithilfe eines Vermittlers (Mediator) geführtes Gespräch, in welchem ein Konflikt zwischen zwei Parteien entschärft werden soll. Im HR-Kontext geht es häufig darum, eine außergerichtliche Einigung zwischen Arbeitnehmer und Arbeitgeber zu erzielen.

Mindestlohn

Der Mindestlohn ist der gesetzlich vorgeschriebene Stundenlohn, der in Deutschland mindestens bezahlt werden muss. Das Gesetz gibt es seit 2015 und soll verhindern, dass Arbeitskräfte – insbesondere in Niedriglohngruppen – ausgebeutet werden.

Mentoring

Beim Mentoring handelt es sich um ein Instrument aus dem Onboarding:

Ein neuer Mitarbeiter bekommt einen erfahrenen Kollegen als Mentor zur Seite gestellt. An diesen Mentor kann er sich in allen organisatorischen oder auch fachlichen Fragen wenden. Das erleichtert dem neuen Mitarbeiter den Einstieg.

Wenn du einen Mentor bekommst, zapfe seinen Erfahrungsschatz an und lasse dich über die Gepflogenheiten im Unternehmen aufklären.

Mobile Recruiting

Unter diesem Begriff versteht man eine zeitgemäße Form der Personalsuche. Jobangebote werden so angelegt, dass sie es dem Bewerber ermöglichen, per Tablet oder Smartphone direkt darauf zu reagieren. Das gibt dir die Möglichkeit eine „Bewerbung to go“ zu machen – einfach von unterwegs bewerben.

m, w, d (m, w, x)

Diese Abkürzungen stehen für männlich, weiblich und neuerdings divers. Diese Abkürzung wird bei Jobangeboten verwendet, um die Stellenanzeige geschlechtsneutral zu formulieren.

Der erste Senat des Bundesverfassungsgerichts hat zum 1.1.2019 offiziell beschlossen, ein drittes Geschlecht zuzulassen. Um niemanden zu diskriminieren, wird das bei den Stellenanzeigen nun mit m, w, d ausgedrückt. Manchmal sieht man als Platzhalter für ein drittes Geschlecht auch ein x: m, w, x.

Nebenjob

Der Nebenjob bezeichnet eine stundenmäßig geringere Tätigkeit, die neben einem Hauptberuf ausgeübt werden kann.

Um einen Nebenjob ausüben zu können, musst du dir die Genehmigung deines Hauptarbeitgebers einholen. In der Regel darf er dir diese nicht verweigern, außer es schadet seinem Unternehmen in irgendeiner Form, etwa wenn du für die Konkurrenz arbeitest oder nicht mehr genug Zeit und Energie für deine Hauptbeschäftigung aufbringst.

Onboarding

Das Onboarding bezeichnet das Einarbeitungs- und Willkommensmanagement für neue Mitarbeiter in einem Unternehmen. Du findest dich leichter in den Strukturen deiner neuen Arbeitsstelle zurecht, wenn das Unternehmen ein Onboarding-Management hat.

Outplacement

Damit wird eine planvolle Entlassung umschrieben.

Der gekündigte Mitarbeiter wird durch seinen Arbeitgeber in ein anderes Unternehmen vermittelt. Oder der Arbeitgeber bezahlt Weiterbildungs- und Qualifizierungsmaßnahmen, damit der Mitarbeiter leichter eine neue Stelle findet. Manchmal gibt der Arbeitgeber eine Maßnahme für alle Mitarbeiter vor.

Wenn dir das nicht liegt oder gefällt, versuche eine andere Qualifizierung zu bekommen. In der Regel stehen deine Verhandlungschancen während des Outplacement-Vorgangs dafür ganz gut, denn der Arbeitgeber wünscht sich offenbar eine saubere Trennung und ist bereit, dafür etwas zu bezahlen.

Outsourcing

So heißt die Auslagerung von bestimmten Arbeitsbereichen oder Tätigkeiten an einen externen Dienstleister. Wenn dein Arbeitsbereich outgesourct werden soll, ist das erst einmal keine gute Nachricht und bedeutet für dich auf jeden Fall eine Veränderung.

Performant

Performant bedeutet, dass jemand oder etwas ausgezeichnet funktioniert.

Personalentwicklung

Unter Personalentwicklung werden alle Maßnahmen zur Förderung von Mitarbeitern entsprechend ihren Fähigkeiten und Talenten, angepasst auf die Bedürfnisse des gesamten Unternehmens zusammengefasst. Sie zielt auf eine Steigerung der Qualität im Arbeitsprozess ab. Das bietet dir die Möglichkeit, dich regelmäßig weiterzubilden.

Qualifiziertes Arbeitszeugnis

→ Arbeitszeugnis

Recruiting

Ist das englische Wort für Personalsuche.

Recruiting-Bots

Dahinter verbirgt sich eine Software für Unternehmen, um den Recruiting-Prozess an der einen oder anderen Stelle zu automatisieren. Zum Beispiel können die Bots Kommunikation mit Bewerbern durchführen, zumindest bis zu einem gewissen Grad. Oder sie scannen Bewerberunterlagen und Eingaben in Online-Formulare nach vorher eingestellten Suchkriterien und treffen eine Vorauswahl, welche Bewerber eingeladen werden sollen.

Recruitainment

Eine Mischung aus Recruiting und Entertainment. Der Recruiting-Prozess hat sich verändert, auch hier findet Erneuerung statt. Beim Recruitainment werden spielerische Elemente in den Prozess eingebaut, um auch jüngere Bewerber zu erreichen.

Reverse Recruiting

Reverse Recruiting bedeutet, dass sich der Bewerbungsprozess umdreht und sich die Unternehmen nun um den potenziellen Mitarbeiter bemühen müssen. Das alte Modell – Jobanzeige reinstellen und warten – funktioniert nicht mehr. Durch den Fachkräftemangel sind jetzt die Bewerber an der Reihe, sich das beste Angebot rauszusuchen.

Sabbatical

Ein Sabbatical ist eine mit dem Arbeitgeber abgestimmte, längere berufliche Auszeit.

Situatives Interview

Die Fragen im situativen Jobinterview beziehen sich hauptsächlich auf die Tätigkeiten der zu besetzenden Stelle. Oft werden Situationen konstruiert, für welche du als Bewerber eine theoretische Lösung anbieten sollst.

Social Media-Recruiting

Social Media-Recruiting fasst die Gesamtheit der Personalsuche über die sozialen Medien zusammen.

Strukturierte Interviews

Strukturierte Interviews sind Vorstellungsgespräche, die einer festgelegten Struktur und einem konkreten Fragenkatalog folgen. Das ermöglicht eine schnelle Vergleichbarkeit der einzelnen Bewerber.

Soft Skills

Individuelle Fähigkeiten und soziale Kompetenzen werden unter dem Sammelbegriff Soft Skills zusammengefasst (z. B. Methodenkompetenz, Eigeninitiative).

Trainee-Programm

Für Hochschulabsolventen gibt es in vielen Firmen ein Programm, mit dem die Auszubildenden (Trainees) gezielt auf die Position einer Fach- bzw. Führungskraft vorbereitet werden. Es ist eine Mischung aus Studium und praktischer beruflicher Ausbildung im Betrieb. Unter Umständen können auch Berufserfahrene ein Trainee-Programm absolvieren.

Unternehmenskultur

Die Unternehmenskultur bezeichnet die Gesamtheit der Werte, Normen und Umgangsformen, die in einem Unternehmen nach innen und außen gelebt und vertreten werden.

Vergütungssystem

Dahinter verbirgt sich das System, nach dem sich in einem Unternehmen Löhne und Gehälter zusammensetzen (z. B. mit Sonderleistungen, Zulagen, Betriebsrente).

War of talents

Der Krieg um Talente.

Wenn es weniger Bewerber als zu besetzende Stellen gibt, haben die Unternehmen das Problem, keine geeigneten Arbeitskräfte zu finden. Daher versuchen die Unternehmen, sich mit Annehmlichkeiten wie Aufstiegsmöglichkeiten, Unternehmenskultur und natürlich finanziellen Angeboten gegenseitig zu überbieten, um die Talente am Markt einzukaufen.

Für dich als Bewerber ein schöner Vorteil. Nutze ihn und verkaufe dich nicht unter Wert.

Work-Life-Balance

Ein mittlerweile gern genutzter und weit verbreiteter Begriff, um den Zustand zu bezeichnen, wenn Privat- und Berufsleben miteinander im Einklang sind.

Zeitmanagement

Darunter versteht man den bestmöglichen Umgang mit der zur Verfügung stehenden Zeit.

Zielvereinbarung

In vielen Unternehmen werden Zielvereinbarungen getroffen, die der Arbeitnehmer erreichen soll. Anders als früher bei den Zielvorgaben, hat der Arbeitnehmer bei einer Zielvereinbarung ein Mitspracherecht. Dadurch entsteht eine größere Zielerreichbarkeit, was wiederum die Mitarbeitermotivation steigert.

Für dich ist es angenehmer, als ausschließlich fremdgesteckte Ziele erreichen zu müssen.

Zwischenzeugnis

Ein Arbeitnehmer kann in einem weiterbestehenden Arbeitsverhältnis ein Zwischenzeugnis verlangen. Sinnvoll ist das für dich, wenn sich in deinem Unternehmen bzw. deiner Abteilung etwas verändert oder du dich woanders bewerben möchtest.

9 Checkbox-Lösungen

CHECKBOX NR. 1: FIRST STEP!

Antwort c) ist richtig!

C) Profil prüfen und aktualisieren ☑

Das Profil ist dein Aushängeschild. Es soll aussagekräftig und vor allem aktuell sein.

Natürlich ist es auch gut, selbst aktiv zu sein und Unternehmen anzusprechen. Auch das Sammeln von Followern ist sinnvoll, denn es erhöht deine Reichweite. Aber der erste Schritt ist ein passendes Profil.

CHECKBOX NR. 2: SCRABBLE-TIME!

[b] [c] [e] [e] [g] [i] [i] [i] [l] [M] [n] [o] [R] [r] [t] [u]

Lösung:

[M] [o] [b] [i] [l] [e] [R] [e] [c] [r] [u] [i] [t] [i] [n] [g] – ist die gesuchte angesagte Form der Personalsuche.

CHECKBOX NR. 3: MATCHINGWORDS-CHALLENGE

Sie suchen für Ihr freundliches **Team** eine **Steuerfachkraft** mit Schwerpunkt **EU-Recht.**

Ich konnte bereits **einschlägige** Erfahrungen in ähnlicher Position sammeln.

Meine Deutschkenntnisse sind **verhandlungssicher** und ich spreche sehr gut Englisch. Grundkenntnisse in **Französisch** bringe ich ebenfalls mit. Mit der Software **Lingu-Lall** arbeite ich bereits seit einigen Jahren.

Ich freue mich auf ein persönliches Gespräch mit Ihnen.

Mit freundlichen Grüßen
Lilo Lückenschneider

CHECKBOX NR. 4: FOTO-REVIEW

Schau dir folgende Fotos an.
Welches eignet sich am besten für eine Bewerbung?

A

Nicht geeignet! Die Hand im Gesicht sieht aus, als würde er gerade einen Faustschlag abbekommen. Nicht so cool!

B

Sieht zwar ganz lustig aus, ist aber nicht wirklich geeignet. Er sieht ziemlich überrascht aus. Von der eigenen Bewerbung sollte er aber nicht so überrascht sein. Wirkt unprofessionell!

C

Ja, das passt. Das Bild wirkt freundlich und ist am besten für eine Bewerbung geeignet.

CHECKBOX NR. 5: QUIZTIME!

Passen folgende Sätze gut in ein Anschreiben?

1. Ich möchte Sie und Ihr Team gerne tatkräftig unterstützen.

   Ja, das passt gut in ein Anschreiben. Nur keine Angst davor, Sätze mit „Ich" zu beginnen.

2. Meiner Einschätzung nach, können Sie mir eine Position nach meinen Vorstellungen bieten.

   Nein, das passt nicht so gut. Der Arbeitgeber will nicht zuerst wissen, was du dir wünschst, sondern was du an Mehrwert mitbringst.

3. Hiermit bewerbe ich mich ...

   Nein, das ist eine veraltete Einleitung. Benutze lieber die Replay-Einleitung (vgl. Kapitel 4).

4. Sie suchen eine MTA mit Berufserfahrung und Fachkenntnissen im Bereich Histologie.

   Ja, das ist prima! Der Arbeitgeber fühlt sich gleich verstanden.

5. Im Juli habe ich zwei Wochen Urlaub gebucht und hoffe, das ist kein Problem für Sie.

Das passt definitiv nicht in ein Anschreiben. Solche Dinge besprichst du am besten gegen Ende des Jobinterviews persönlich.

CHECKBOX NR. 6: ZEUGNIS-ROULETTE!

Gesucht wird 1 KFZ-Mechatroniker (m/w/d)
Es soll ein Geselle mit einschlägiger Berufserfahrung sein.

Welche Nachweise soll er zur Bewerbung nehmen?

Letztes Schulzeugnis	☐ Ja	☑ Nein
Berufsschulzeugnis	☐ Ja	☑ Nein
Alle Arbeitszeugnisse	☑ Ja	☐ Nein
Die fünf besten Arbeitszeugnisse	☐ Ja	☑ Nein

Erklärung: Auch wenn er sehr viele Arbeitszeugnisse hat und es Sinn macht, nur die letzten fünf mitzuschicken, kann er leider nicht einfach die fünf besten raussuchen. Da wird jeder Personaler misstrauisch.

Gesellenbrief ☑ Ja ☐ Nein

Gesellenzeugnis ☑ Ja ☐ Nein

Ausnahme: Falls sein Gesellenzeugnis sehr schlecht ausgefallen ist, sollte er es zunächst nicht mitschicken. Wenn danach gefragt wird, kann er es immer noch nachreichen.

Urkunde Schwimmverein,
1. Platz im 400m Schnellschwimmen ☐ Ja ☑ Nein

Ausnahme: Der Geselle weiß zufällig, dass seine zukünftige Chefin im Schwimmverein ist. Dann sollte er den Vorteil nicht sausen lassen und sich damit einen Sympathiepunkt angeln!

Gute Referenz des ehemaligen Vorgesetzten ☑ Ja ☐ Nein

Weiterbildungskurs Englisch (mit schlechten Noten, aber immerhin bestanden) ☐ Ja ☑ Nein

Anmerkung: Er kann den Hinweis über den bestandenen Kurs im Lebenslauf aufnehmen. Das schlechte Zeugnis? Nicht mitsenden!

CHECKBOX NR. 7: RICHTIG ODER FALSCH?

1. Je mehr Adjektive im Anschreiben desto besser! ☐ Ja ☑ Nein
2. Sätze im Anschreiben dürfen mit „Ich" beginnen! ☑ Ja ☐ Nein
3. Lange Sätze kommen besser an als kurze. ☐ Ja ☑ Nein
4. Die Motivationsseite muss nach DIN 5008 formatiert werden. ☐ Ja ☑ Nein

Für die Motivationsseite gibt es überhaupt keine Formvorschriften.

SPRECHBLASE OHNE VOKALE

Kannst du den Text lesen? – Das Gehirn verbessert das. Großartig, nicht wahr?

CHECKBOX NR. 8: BRAINTEASER!

Du hast neun bunte Würfel und eine mechanische Waage mit zwei Waagschalen. Alle Würfel haben das gleiche Gewicht, nur einer davon ist minimal schwerer als die anderen Würfel. Wie kannst du mit zweimal Wiegen den schwereren Würfel herausfinden?

Lösung:

Schritt 1:

Zuerst musst du drei gegen drei Würfel gegeneinander wiegen.

- Wenn die Waage ausgeglichen ist, befindet sich der gesuchte Würfel nicht auf der Waage. Du kannst diese sechs Würfel außer Acht lassen. Und nimmst nur die drei anderen, die du noch nicht gewogen hast, zum Weitermachen.
- Wenn eine Seite nach unten geht, befindet sich der gesuchte Würfel dort. Du brauchst also nur diese drei Würfel in der schweren Waagschale weiter im Spiel lassen.

Du hast jetzt so oder so nur noch drei Würfel zur Auswahl.

Schritt 2:

Nun wiegst du einen gegen einen Würfel.

- Ist die Waage auf einer Seite schwerer, ist dort der gesuchte Würfel.
- Wenn die Waage ausgeglichen ist, kann der gesuchte Würfel nur der sein, der gar nicht auf der Waage liegt.

Jetzt kannst du zweifelsfrei sagen, welcher der gesuchte Würfel ist.

FYI: Solche kleinen Brainteaser werden gerne in Eignungstests oder im Assessment-Center abgefragt. Unter Stress und Zeitdruck ist es immer schwieriger, dafür die richtige Lösung zu finden. Selbst bei total einfachen Fragen hat man manchmal einen Aussetzer.

Bleib locker und lass dich dadurch nicht verunsichern. Wenn du mal eine Aufgabe nicht richtig löst, bedeutet das noch nicht das Aus für den Job. Was zählt, ist der Gesamteindruck, den du hinterlässt!

SPECIAL THANKS

An der Realisierung eines Buches sind viele Menschen beteiligt. Ich möchte gerne Danke sagen!

Ich bedanke mich beim Metro**politan** Verlag, dass er mein Buch in sein Portfolio aufgenommen hat. Insbesondere danke ich meiner Lektorin Melanie Krieger für die angenehme Zusammenarbeit. Ich möchte auch allen anderen im Verlag Danke sagen – für die Gestaltung des passenden Covers, für wache Augen zum Korrekturlesen, für Satz und Druck. Allen, die daran beteiligt waren.

Auch bei meiner Agentur, Literaturagentur Kai Gathemann GbR, möchte ich mich für die tolle Unterstützung bedanken.

Für die Fotos bedanke ich mich bei @_s_insanity_ (Instagram-Name) und seinem Model, die eigentlich lieber Cosplay-Fotos machen und nur für mich eine Ausnahme gemacht haben.

Meiner Familie möchte ich Danke sagen. Dafür, dass ihr mir die Zeit und den Raum zum Schreiben gebt. Insbesondere meinem Mann, der mich bei allen Projekten ermutigt und unterstützt. Und der unermüdlich Korrektur liest und besser weiß als ich: Es gibt gar nicht so viel Sand in der Patagonischen Wüste!

DANKE!

Bildnachweise

Seite 50: © Fotolia – 194906363
Seite 100: © Fotolia – 165341568
Seite 137: © Fotolia – 167008960, © Fotolia – 119969466, © Fotolia – 202897022
Seite 138: © Fotolia – 202681813, © Fotolia – 165341568, © Fotolia – 143726870
Seite 139: © Fotolia – 255983726, © Fotolia – 239154166
Seite 140: © Fotolia – 128158660, © Fotolia – 221685766

Sandra Gehde

wechselte nach einer beruflichen Ausbildung im fotografischen Bereich als Quereinsteigerin ins Personalwesen. Seit zehn Jahren ist sie als Personalmanagerin und Assistentin der Geschäftsführung in der Akademie Handel, einem Bildungsunternehmen für Erwachsenenbildung im Handel, tätig. Dort ist sie mit allen Bereichen des Personalmanagements und mit der Organisation des Rudolf-Egerer-Preises für die Auszeichnung von besonderen Leistungen im Bereich der Aus- und Weiterbildung im Handel, befasst. Außerdem ist sie seit der Gründung im Jahr 2009 Mitglied im Bundesverband der Personalmanager und hat eine Coachingausbildung (IRBW Wien) absolviert. Seit 2015 unterstützt sie ehrenamtlich Bewerbungstrainings für Jugendliche bei Joblinge e.V. und an einem Sonderpädagogischen Förderzentrum in München.